三大油菜品种类型

芥菜型油菜

白菜型油菜

甘蓝型油菜

宁波主推双低油菜主要品种

浙油 18 的花期与成熟期

浙油 51 的苗期与结荚期

浙油 50 苗期

浙油 50 成熟期

浙油 50 蕾薹期

浙双 72 油菜初花期

沪油 15 花荚期

双低油菜的生产与加工

油菜机械移栽

油菜机械直播（1）

油菜飞机防治病虫害

油菜机械直播（2）

油菜机械收割

双低油菜低温压榨

双低油菜精炼加工

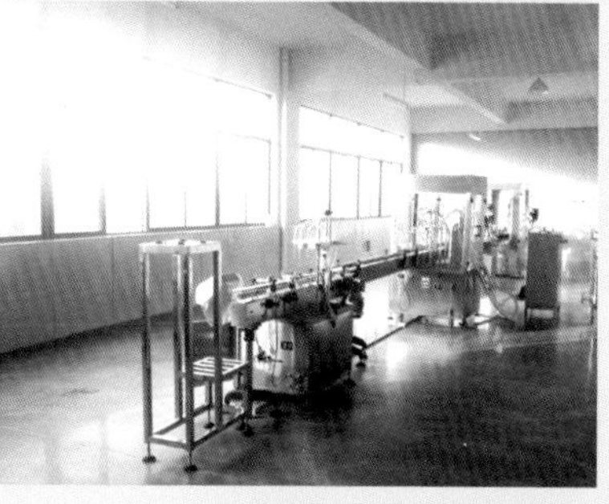

双低油菜籽油灌装

油菜观光景观

江西婺源

江苏兴化

青海门源

上海奉贤

陕西汉中

浙江宁波江北

云南曲靖罗平

浙江富阳

双低油菜栽培与产业化开发

王旭伟　裘建荣　主编

中国农业科学技术出版社

图书在版编目(CIP)数据

双低油菜栽培与产业化开发 / 王旭伟,裘建荣主编. —北京:中国农业科学技术出版社,2016.8

ISBN 978-7-5116-2705-6

Ⅰ.①双… Ⅱ.①王…②裘… Ⅲ.①油菜-栽培技术②油菜-产业发展-研究-中国 Ⅳ.①S634.3②F326.13

中国版本图书馆 CIP 数据核字(2016)第 186204 号

责任编辑 崔改泵
责任校对 马广洋

出 版 者 中国农业科学技术出版社
北京市中关村南大街 12 号 邮编:100081
电 话 (010)82109194(编辑室) (010)82109702(发行部)
(010)82109709(读者服务部)
传 真 (010)82106650
网 址 http://www.castp.cn
经 销 者 各地新华书店
印 刷 者 北京富泰印刷有限责任公司
开 本 889mm×1194mm 1/32
印 张 8.5 **彩插** 4 面
字 数 220 千字
版 次 2016 年 8 月第 1 版 2016 年 8 月第 1 次印刷
定 价 38.00 元

《双低油菜栽培与产业化开发》

编委会

主　编　王旭伟　裘建荣

副主编　吴早贵　孙志栋　陈燕华

编著者　（按姓氏笔画排序）

王　笑　王旭伟　王明湖　甘永刚
叶培根　孙志栋　江　凯　刘桂良
吴早贵　沈国新　张尧锋　陆　雁
陈燕华　蒋　晔　裘建荣

前　言

我国油菜栽培历史悠久，据资料考证距今已有6 000～7 000年。我国的油菜最早栽培于青海、甘肃、新疆维吾尔自治区、内蒙古自治区一带，其后逐步在黄河流域发展并传播到长江流域一带广为种植。油菜栽培后收籽制油最初用在照明或燃料上，普遍食用始于魏晋南北朝时期，古代榨油技术成熟期出现于宋朝。近年来研究表明，油菜一身是宝，不仅生产的菜籽油营养与保健价值高，提炼菜籽油后的菜籽粕、籽壳、茎秆等都有广泛用途，既可以作为水产养殖、畜禽养殖的饲料蛋白质来源及农作物的优质有机肥料，而且在冶金、机械、橡胶、化工、医药、食品等领域也是重要的工业原料。

我国油菜主要有白菜型、芥菜型、甘蓝型3种类型，历史上栽培的油菜以白菜型和芥菜型为主。20世纪50年代后，以胜利油菜为代表的甘蓝型品种得到了迅速发展，80年代后开始进行双低油菜育种，90年代起，特别是在进入21世纪后，双低油菜获得了快速推广。目前，在浙江全省推广的油菜品种主要为浙油50、浙油51、浙大619、浙大622、浙双72、中油11等双低油菜品种。2013年，浙江省海宁市380亩（1亩≈667m^2）浙油50双低高产油菜品种平均亩产为286.4kg，其中最高田块亩产296.6kg，打破此前由湖州市南浔区双低油菜繁育中心保持的油菜百亩方最高亩产207.2kg的记录，创造了浙江省油菜百亩方的新纪录。

随着油菜品种的改良，油菜籽的加工技术也取得了迅猛发展，油料产销呈现大型化、集团化和现代化的发展态势。ADM、邦基、嘉吉、丰益国际等跨国粮油企业，采用国际资本参股或控股中国国内油料加工企业的方式，建立了规模宏大的产品体系和销售网络，遍布整个国内市场。但随之而来的国内粮油加工企业市场环境恶化，特别是在2001年中国加入WTO后，遭受国际低价原料和激烈竞争冲击，我国国内油脂加工企业大面积亏损，中小企业纷纷倒闭，油料作物种植面积急剧减少，国内食用植物油自给缺口不断增大，国内植物油原料需求越来越依赖于国际市场给中国油料产业带来了不可忽视的现实风险。

近年来，随着我国农业迈入新常态发展进程，农村产业开发以及农产品侧供给改革进入关键阶段，油菜产业作为我国农村重要产业之一，它涵括了种植、加工、休闲观光等诸多内容，如何在新形势下深入开发油菜产业，实施农村一二三产业融合发展成为当前的重大课题。

出于加快这一产业发展的愿望，我们召集了农艺、粮油食品加工和营养等方面专业人员，组建了编委会，系统地总结了浙江及宁波地区油菜栽培，特别是双低油菜栽培与加工的技术经验，并对产后精深加工进展和休闲观光进行了简要介绍。期望通过此书的出版与发行能对广大从事油料作物生产的技术人员、农业专业户、加工企业员工有所裨益，有助于我国油料产业的发展与振兴，推动新形势下农村一二三产业加速融合发展。本书也可作为大专院校相关专业的教学参考书和各级农技培训学校的教材。

全书约22万字，共7章。书中概述了油菜的起源与分布、发展油菜产业的意义；介绍了油菜的主要品种类型和当前推广的品种；论述了油菜的生长发育规律及其对环境条件的要求、无公害栽培技术、栽培模式、菜籽油的提取与加工；同时，对发展油菜旅游观光及国内十大油菜花观光景点、宁波六大油菜花观光点也进行了简要介绍。

在本书编写过程中得到了华中农业大学、浙江省农业科学院等单位相关专家的热情帮助，也参考了许多专家学者发表的著作和相关文献，在此谨向他们致以衷心的感谢。

由于写作水平和编写时间所限，书中难免会有这样或那样的不足，敬请广大读者批评指正。

编　者

2016年2月12日

目　　录

第一章　概　　述

第一节　油菜的起源与分布

油菜是我国四大油料植物(大豆、油菜、花生、芝麻)之一。油菜是农艺学上的名词,而不是植物分类学上的名词,它不是单一的物种,包括芸薹属及十字花科其他属的几个物种。

根据油菜的形态特征、遗传亲缘关系和农艺性状的差别,我国主要栽培的油菜品种可分为三大类型:白菜型油菜(AA)、甘蓝型油菜(AACC)和芥菜型油菜(AABB),因为它们的外形分别与白菜、甘蓝、芥菜相似而得名。

一、油菜的起源

油菜起源于何地,众说不一。前苏联学者 Vavilov(1926)和 Sinskaia(1928)认为芸薹原产于中亚西亚、小亚细亚、近东、地中海沿岸等地;英国学者 Vaughan 等(1959)认为白菜(*B. chenensis* L.)和北京大白菜都原产于中国,以后引入日本、北美和欧洲;日本学者则认为中国是白菜型油菜的一级起源中心,公元前 1 世纪汉代由中国传至日本,称为在来种、和种、帚种、赤种,至 1600 年在日本成为油料作物(星川清亲,1978)。荷兰学者 Zeven 把油菜及其近缘种均列为中国—日本起源中心的最重要的起源作物之一(卜慕华,1981);土耳其学者 Ozturk 等人认为芸薹可能原产于地中海地区,后经“丝绸之路”引入亚洲;中国植物学家胡先骕(1956)认为芸薹原产于我国西北地区,并根据形态特征、亲缘关系和农艺性状将栽培油菜分为白菜型油菜、芥菜型油菜、甘蓝型油菜(包括欧洲油菜和日本油菜）等三大类型。

印度和中国是世界上栽培油菜最古老的国家。印度公元前2000—公元前1500年的梵文著作中已有关于“沙逊”油菜的记载。而我国种植油菜历史悠久的考证则更为详尽，在我国古代，油菜被称为芸薹，东汉服虔者《通俗文》中，“芸薹谓之胡菜”。最初广泛种植于当时的“胡、羌、陇、氐”等地，即现在的青海、甘肃、新疆维吾尔自治区（简称新疆，全书同）、内蒙古自治区（简称内蒙古，全书同）一带，其后逐步在黄河流域发展，以后又传播到长江流域一带广为种植。我国历史上栽培的油菜都是白菜型和芥菜型油菜。

中国陕西西安半坡出土的属于新石器时代的原始人类贮存在陶罐中的炭化菜籽，经中国科学院植物研究所（1963）鉴定，认为是属于芥菜或白菜一类的种子，经同位素^{14}C示踪测定，结果表明其距今已有6 000～7 000年。这是迄今为止出土文物中被认为是菜籽的确切证明。其次，从湖南长沙马王堆一号汉墓中出土的属于2 000年以前的植物种子中，也保存有菜籽。这些发现说明油菜在我国南北各地栽培与利用的历史都很悠久。

我国历代古籍中有关油菜的记载很多。西周时期周公旦所著的《诗经·谷风》中有“采葑采菲，无以下体”的记载，表明距今约2 500年以前的中原地带，对于葑（蔓菁、芥菜、菘菜之类）与菲（萝卜之类）的利用已很普遍（李潘，1979）。东汉服虔著《通俗文》（二世纪）记载有“芸薹谓之胡菜”。魏晋南北朝时期（公元220—589年）已经普遍食用芸薹籽油（今菜籽油），南朝（508—554年）梁元帝萧绎《别诗二首》中有“三月桃花含面脂，五月新油好煎泽”之句，五月新油当为五月前后收获并新压榨出来的植物油。北魏末年（公元533—534年）贾思勰所著《齐民要术》（图1-1）卷三中称“种芥子及蜀芥、芸薹取子者，皆二、三月好雨泽时种，旱则畦种水浇，五月熟而收子，崔寔曰：六月大暑中伏后可收芥子。”芸薹籽为五月收获，其油当即萧绎诗中的五月新油。

人们开始把油菜和菜分开成名源于宋朝，公元1061年苏颂在

图 1－1 齐民要术一书

其编著的《图经本草》(图 1－2)中开始采用“油菜”的名称，并加以阐述：“油菜形微似白菜，叶青有刺，……名胡疏，始出陇、氐、胡，也名芸薹”。

图 1－2 1061 年图经本草一书开始采用油菜的名称

明代徐光启在其《农政全书》(1628)蔬部中引证了各家对油菜或别名芸薹的论述；明朝科学家宋应星(1587 到约 1666 年)在其最初发表于崇祯 10 年(公元 1637 年)的《天工开物》中更是十分详细地论述了提取菜籽油的过程，他写道：“菜籽入釜，文火慢炒，透出香气，然后碾碎受蒸。”炒菜籽要选用“平底锅深六寸者，投籽仁于内，翻拌最勤。”怎样才能提高菜籽的出油率呢？“既碾而筛。择粗者再碾，细者则入釜甑受蒸；蒸气腾足，取出以稻秸与麦秸包裹，如饼形。其饼外圈箍，或用铁打成，或破篾绞刺而成，与榨中则寸相隐合。凡油原因气取，有生于无。出甑之时，包裹怠缓，则水火郁蒸之气游走，为此损油。能者疾倾疾裹的而疾箍之。得油之多，诀由于此。”宋应星还指出，菜籽油饼粕“皆重新碾碎，筛去秸芒，再蒸再裹，而再榨之。初次得油二分，二次得油一分”。在当时一般每 100kg 菜籽可榨油 30kg。

这些古籍图书不仅记载表明我国春油菜早期栽培地区是现在的甘肃、青海、新疆、内蒙古一带，而且在一些图书中都有栽培技术和加工技术的详尽记述。

至于南方栽培油菜的历史，早期的古籍也有记载，如《齐民要术》(534 年或稍后)中已有“种蜀芥、芸薹、芥子，第二十三”的专篇论述，表明在古代我国四川已有蜀芥、芸薹和芥子 3 种，即今称为芥菜型油菜、白菜型油菜和蔬菜用芥菜(即芥子，日本所称的芥子就是来自中国)3 种，且播期有春播(二三月间播种，今称之为春油菜)和秋播(七月半播种，秋后收作蔬菜用)两种。至清代吴其濬编著《植物名实图考》(1846 年，或稍前)中才明确地把中国油菜分为油辣菜 (即今芥菜型油菜)和油青菜(即今白菜型油菜)两大类：油辣菜“味浊而肥，茎有紫皮，多诞，微苦……油青菜同崧菜(即今白菜—编者注)，冬种生薹，味清而腴”。

吴其濬编著的《植物名实图考》中绘有油菜的图片(图 1-3)。

关于油菜的起源，现在比较一致的意见是：油菜的起源地有两个：亚洲是芸薹和白菜型油菜的起源中心；欧洲地中海地区是甘蓝型油菜的起源中心。芥菜油菜是多源发生的，我国是其原产地之一。

我国油菜以白菜型和芥菜型为主，从 20 世纪 50 年代起在长江流域推广，并以胜利油菜为基础逐渐培育出大批早、中熟高产甘

图 1－3 芸薹菜

引自:清·吴其濬编著的《植物名实图考》(1846年或稍前)

蓝型品种。70年代初,甘蓝型油菜引入黄淮地区,由于具有较好的丰产性的抗逆性,甘蓝型油菜在北方冬油菜区大面积推广。

二、油菜的分布

(一)油菜在世界各国的分布

油菜在世界各国的分布情况,有一个十分明显的特点就是比较集中分布于四大片:第一大片以中国为主,包括日本、朝鲜、韩国等国,是东亚的第一个古老油菜产区。第二大片以印度为主,包括巴基斯坦、孟加拉国、阿富汗、伊朗等国,是在南亚次大陆的另一个古老油菜产区。第三大片在欧洲,以西欧的法国、德国、英国等国为主,包括东欧的波兰、乌克兰等国,北欧的瑞典、丹麦等国以及中南欧的捷克、意大利等国。第四大片在北美的加拿大,是一个在

1942 年以后才开始引进的新产区。

据统计，20 世纪 50 年代之前，世界油菜种植主要集中在亚洲地区，亚洲油菜籽产量占世界总产量的 95%左右。其中我国油菜籽产量占世界总产量的比重超过 60%，位居第一；印度位居第二，占世界总产量的 30%左右。20 世纪 50 年后，世界油菜种植布局发生了很大变化，美洲、欧洲、非洲以及大洋洲的部分国家开始大量种植油菜籽。目前油菜籽主产国除我国外，还有加拿大、印度、澳大利亚、巴基斯坦、美国和欧盟的德国、法国、英国、波兰及前苏联地区的乌克兰和俄罗斯，其中特别值得一提的是加拿大，该国 1942 年才开始引种油菜，是发展油菜生产最迟的国家，但却是发展油菜生产最快的国家。据 2000 年统计，油菜在各大洲的分布其中亚洲占 55.3%、美洲占 21.1%、欧洲占 18.1%、大洋洲占 5.1%（图 1－4）。2014 年统计，全球油菜总面积 3 615.7万 hm^2，总产量 7 101.2万 t，平均单产 1 964kg/hm^2，油菜籽总产量 7 101.2万 t。油菜主产国为中国、印度、加拿大，总面积分别为 751万 hm^2、713万 hm^2、801万 hm^2。中国、印度、加拿大总产量分别为 1 440万 t、730万 t、1 800万 t。发达国家油菜生产机械化已达到相当高的水平。

图 1－4　国外油菜大面积机械化生产

芥花籽油是从古代文明的传统的作物繁殖中发展出来的油料作物，曾经被认为是加拿大的特产，已经成为北美主要的商品作物之一。加拿大和美国每年生产 700 万～1 000万 t 的芥菜籽。加拿大每年出口 300 万～400 万 t 的种子，70 万 t 芥花籽油和 100 万 t 芥菜籽粗粉。美国是芥花籽油的净消费国。其他主要的芥菜籽消费国有日本、墨西哥、中国和巴基斯坦。不过大多数芥花籽油和芥菜籽粗粉被出口到美国，较少被运往墨西哥、中国和欧洲。

（二）我国油菜的分布

我国油菜分为冬油菜（9 月底种植，5 月底收获）和春油菜（4 月底种植，9 月底收获）两大产区。冬油菜面积和产量均占 90%以上，主要集中于长江流域，春油菜集中于东北和西北地区，以内蒙古自治区的海拉尔地区最为集中，如图 1－5 所示。

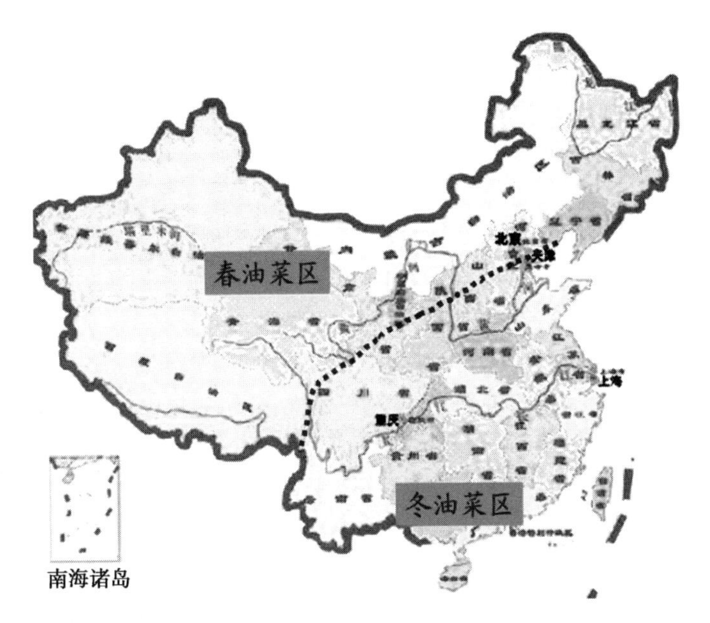

图 1－5　中国油菜的分布区域示意图

根据气候、生态条件的不同，我国油菜生产可划分为 4 个区域，即长江流域冬油菜区、西北油菜区、东北春油菜区和华南冬油菜区。其中长江流域冬油菜区是最集中的产区，油菜播种面积和总产量均占全国的88%左右，占世界油菜面积和产量的1/4，高于欧洲和加拿大。湖北、安徽、江苏、四川和湖南5省年产量均超过100万t，占全国的60%以上，是我国的主产区。

根据资源状况、生产水平和耕作制度，农业部将长江流域油菜优势区划分为上、中、下游3个区，并在其中选择优先发展地区或县市。其主要条件是：油菜种植集中度高，播种面积占冬种作物的比重分为上游区占30%以上、中游区占40%以上、下游区占35%以上；区内和周边地区有带动能力较强的加工龙头企业。

1. 长江上游优势区

该区包括四川、重庆、云南、贵州。气候温和湿润，相对湿度大，云雾和阴雨日多，冬季无严寒，利于秋播油菜生长。加之温、光、水、热条件优越，油菜生长水平较高，耕作制度以两熟制为主。该区2014年种植油菜206.7万 hm^2，菜籽产量419万t，面积、产量分别占长江流域的31%、32%。

2. 中游优势区

该区包括湖北、湖南、江西、安徽和河南信阳地区。属亚热带季风气候，光照充足，热量丰富，雨水充沛，适宜油菜生长。主要耕作制度：北部以两熟制为主，南部以三熟制为主。该区2014年种植油菜400.7万 hm^2，菜籽产量746万t，面积、产量分别占长江流域的60%、57%，是长江流域油菜面积最大、分布最集中的产区。

湖北油菜种植面积和产量都是全国第一位，种植区域在江汉平原、鄂东地区，主要在荆州、荆门、襄樊、宜昌、孝感、黄冈、黄石地区。

3. 长江下游地区

该区包括江苏、浙江、上海。属于亚热带气候，雨水充沛，日照丰富，光温水资源非常适合油菜生长。其主要不利因素是地下水位较高，易造成渍害。土地劳力资源紧张，生产成本高。其耕作制度以两熟制为主。该区 2014 年种植油菜 52.9 万 hm^2，菜籽产量 137 万 t，面积、产量分别占长江流域的 8%、11%，是长江流域菜籽单产水平最高的产区。苏、浙、沪地处长江三角洲，交通便利，港口贸易活跃，油脂加工企业规模大，带动能力强。

江苏菜籽种植区域主要集中在长江以北，包括盐城、扬州、泰州、南通、南京等丘陵地区。我国长江流域油菜优先发展地区分布如表 1－1 所示。

表 1－1 我国长江流域油菜优先发展地区

分布地区	优先发展地区
长江流域上游	四川成都平原、川中盆地丘陵，贵州遵义、安顺地区、重庆和云南部分重点县，共计 36 个县市。其中四川 18 个，贵州 10 个，重庆 4 个，云南 4 个
长江流域中游	湖北的江汉平原、鄂东地区、湖南的洞庭湖平原，江西的鄱阳湖地区，安徽的江淮丘陵和沿江地区、河南信阳地区，共计 92 个县。其中湖北 26 个，安徽 24 个，湖南 21 个，江西 18 个，河南信阳 3 个
长江流域下游	江苏沿江地区，浙江杭嘉湖地区，共计 22 个县市。其中江苏 15 个，浙江 7 个

除上述分布区域外，河南南部地区也是一个主要的秋冬种油菜籽种植区。我国的台湾省栽培面积也很大，尤其以台湾彰化县栽培最盛，台中、苗栗、嘉义、云林、南投亦栽培不少。

浙江菜籽种植主要集中在两个区域：一是浙北的杭（州）嘉（兴）湖（州）地区，二是浙南的衢州-金华地区，两地区菜籽产量约占浙江总产量的 85%（图 1－6）。近年来浙江菜籽种植面积和产量都大幅下降，特别是杭嘉湖地区由于工业快速发展，减少幅度更大。

宁波地区由于政府及主管部门重视，油菜栽种面积虽有升有降，但没有大起大落，基本处于稳定发展状态，由新中国成立初 10.6 万亩面积起步，到 20 世纪 70 年代进入上升期，到 1990 年达到 75 万亩高峰期，此后种植面积逐年下滑，到 2004 年后达到一个新的平稳期。种植面积下滑分 3 个阶段：一是在 1993—2000 年之

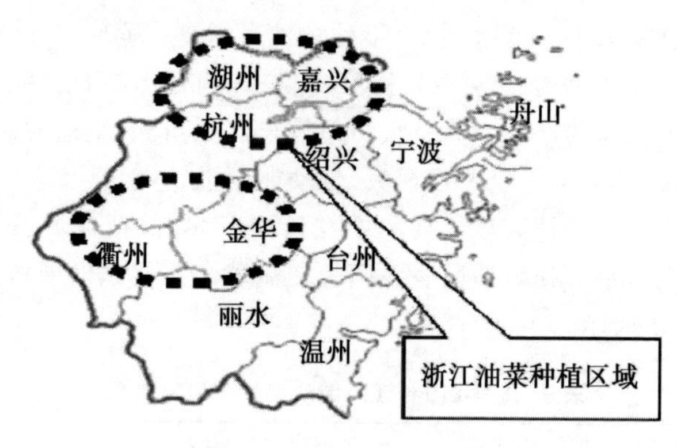

图 1-6 浙江油菜主栽区

间基本在 40 万～50 万亩水平；二是在 2001—2003 年基本在 20 万～30 万亩水平；三是 2004 年以来至今则一直保持在 14 万～18 万亩水平；在油菜种植类型上以冬油菜为主，而且近年推广的油菜优良品种基本上都属于双低油菜。

1989—2015 年，宁波市油菜种植生产情况见表 1-2、图 1-7。

表 1-2 1989—2015 年宁波市油菜生产统计表

（单位：万亩、kg、万 t）

年 份	1989	1990	1991	1992	1993	1994	1995	1996
面积	71.16	75.01	73.96	70.11	43.34	39.06	54.41	54.42
单产	99	119	116	114	119	94	113	126
总产	7.04	8.94	8.57	7.97	5.17	3.66	6.12	6.84
年 份	1997	1998	1999	2000	2001	2002	2003	2004
面积	46.98	44.89	46.36	41.28	32.9	28.34	22.32	18.92
单产	119	82	126	124	121	105	116	132
总产	5.6	3.69	5.84	5.11	3.98	2.98	2.59	2.5
年 份	2005	2006	2007	2008	2009	2010	2011	2012
面积	18.93	17.11	15.71	14.4	18.99	18.27	15.83	15.52
单产	128	133	137	144.7	147	145.6	150.6	148.4
总产	2.42	2.28	2.15	2.08	2.8	2.66	2.38	2.3

（续表）

年 份	2013	2014	2015
面积	16.23	16.35	15.01
单产	132	137	135
总产	2.15	2.23	2.03

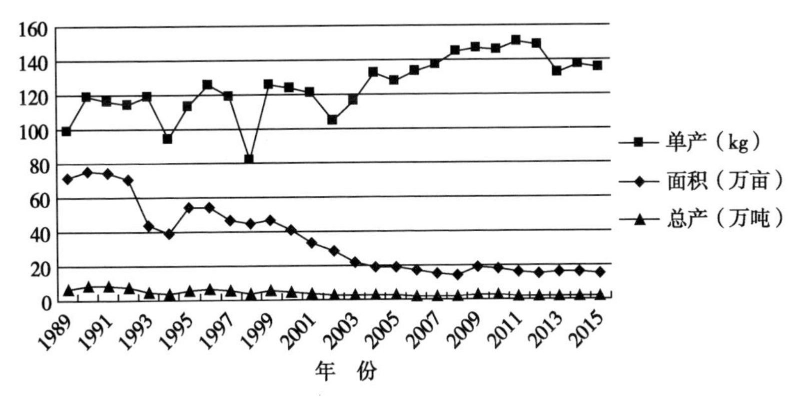

图 1－7 1989—2015 年宁波市油菜生产变化

第二节 发展油菜产业的意义

一、发展油菜产业是解决我国食用油原料的主要途径

凡是从植物种子、果肉及其他部分提取所得的脂肪统称为植物油脂。植物油脂是由脂肪酸和甘油化合而成的天然高分子化合物，广泛的分布于自然界中。植物油中的化学成分 95％以上是脂肪酸甘油三酯并伴有少量的类脂物质。类脂物质包括脂肪酸、甘油一酯、甘油三酯、磷脂、甾醇、维生素、色素、萜烯类、脂肪醇、烃类等，个别油脂中还含有棉酚、芥子苷或芝麻酚。

世界各地因消费习惯的不同，消费植物油脂的种类也不同，地中海附近地区的人偏爱橄榄油，美国人主要食用豆油、玉米油和棉籽油，在欧洲的部分地区以花生油为主要食用油，中国人主要食用豆油和菜籽油。

《本草纲目》谓油菜籽“炒过榨油，黄色，燃灯甚明，食之不及麻油。近人因油利，种植亦广云”。

菜籽油从制取工艺来分，可分为压榨菜籽油和浸出菜籽油；从脂肪酸组成的芥酸含量来分，可分为一般菜籽油和低芥酸菜籽油。

食用菜籽油具有很高的营养保健价值。

（一）菜籽油的营养价值

1. 提供能量

菜籽油中富含脂肪，脂肪是人体重要的提供能量的营养素，每克脂肪在体内完全氧化释放 9kcal 的能量。研究表明，身体最直接的能量来源是在三羧酸循环中被脂肪酶从甘油三酯释放出来的脂肪酸。人体除了红细胞和某些神经中枢系统外，均能直接由脂肪作为能量来源。脂肪的这一功能对于重体力劳动者、非常规情况下的野外作业者及难民、灾民等食物供应上应作为优先考虑的营养素。能量作为影响婴幼儿和青少年生长发育的首要因素，脂肪的供给量也显得尤为重要。

不过，也正是因为脂肪含有大量的能量，又容易在体内堆积，所以，过多脂肪摄入会带来很多麻烦，肥胖、高脂血症、动脉硬化、Ⅱ型糖尿病等慢性病和多种癌症都与高脂膳食有密切关系。

2. 提供必要的脂肪酸

人体的生理机能的正常运行，离不开脂肪酸的参与，有些脂肪酸在人体内可以通过蛋白质和碳水化合物等转化而来，而有些是不能转化的，就要从天然产物中直接获取。不同的脂肪酸成分具有不同的营养功能，如亚油酸的缺乏会使人体生长缓慢以及皮肤易受损害等；α-亚麻酸对婴儿的大脑生长发育具有极其重要的作用。亚油酸和α-亚麻酸在人体内无法自行合成，故必须从食物中摄取才能满足。

3. 作为有机体结构成分

作为有机成分来讲，体脂可以起到支撑保护器官、减缓冲击与震动、调节体温和保持水分等作用，有助于其他脂质在细胞内外的运输。此外，脂肪是细胞结构的基本原料，类脂质中的磷脂是构成细胞膜、神经髓鞘外膜和神经细胞的组成成分。

4. 促进脂溶性维生素的吸收

膳食中适量脂肪的存在有利于脂溶性维生素的吸收。脂溶性维生素多伴随着脂肪的存在，脂类可刺激胆汁的分泌，促进脂溶性维生素在消化道的消化吸收率。菜籽油富含维生素 E、胡萝卜素、饱和及不饱和脂肪酸、磷脂、甾醇、豆甾醇、角鲨烯、菜油甾醇、环木菠萝烯醇等。据测定：甘蓝型油菜和白菜型油菜的种子中一般含油 22%～49%，平均 40%；含蛋白质 21%～27%；磷脂约 1%。加工后所得菜籽油色泽金黄或棕黄，是具有透明或半透明状的液体，有一定的刺激气味，民间叫做“青气味”。这种气体是其中含有一定量的芥子苷所致，但特优品种的油菜籽则不含或含量极低，比如高油酸菜籽油、双低菜籽油等。菜籽油中含花生酸 0.4%～1.0%，油酸 14%～19%，亚油酸 12%～24%，芥酸 31%～55%，亚麻酸 1%～10%。从营养价值方面看，人体对菜籽油消化吸收率可高达 99%，并且有利于胆功能。在肝脏处于病理状态下，菜籽油也能被人体正常代谢。

除上述营养价值外，菜籽油的脂肪还具有特有的口感和物理特性，可增进人的食欲、强化味觉，有助于糖类吸收、缩小食物体积。人们常用菜籽油来烹制食物，或炒或炸，以增强口感和香味。比如煎鸡蛋比水煮蛋更美味；炒蔬菜比水煮菜好吃。

此外，菜籽油中还含有少量芥酸和芥子苷等物质，这些物质对人体的生长发育不利。因此，在发展油菜种植时应选择“双低”油菜品种，在食用时尽量选用低芥酸菜籽油类型，如双低菜籽油和高油酸菜籽油，并添加富含 α-亚麻酸等的食用油配合食用，进一步提高其营养价值。

（二）菜籽油的保健价值

菜籽油中富含种子磷脂，有助于血管、神经、大脑的发育；菜籽油所含的亚油酸等不饱和脂肪酸和维生素E等营养成分能够软化血管，延缓衰老。国外营养界研究还认为，菜籽油所含的油酸成分可降低人体血液中总胆固醇和有害胆固醇含量，却不降低有益胆固醇。菜籽油中胆固醇很少或几乎不含，因此，对需控制胆固醇摄入量的人来说可以放心食用。

菜籽油性温，味甘、辛，可润燥杀虫、散火丹、消肿毒。明代姚可成所编《食物本草》一书中称，菜油敷头，可令发长黑；行滞血，破冷气，消肿散结；治产难，产后心腹诸疾，赤丹热肿，金疮血痔。临床用于蛔虫性及食物性肠梗阻，具有杀虫、润肠之功效。

二、发展油菜生产可以有效解决饲料的蛋白来源

我国是世界第一畜牧和水产大国，以及第二饲料生产大国。虽然2009年我国工业饲料总产量达1.37亿t，但是蛋白质饲料原料主要依靠进口，2008年我国全年进口大豆3 744万t，进口依存度突破70%。蛋白质饲料资源缺乏是制约我国饲料工业和养殖业发展的一个主要因素，因此，开发优质的蛋白质饲料资源就成为人们关注的热点。

菜籽饼（粕）中含粗蛋白35%～42%，粗纤维含量为12%～13%，属低能量的蛋白质饲料。菜籽饼（粕）氨基酸组成较平衡，蛋氨酸含量较高，富含铁、锰、锌和硒，其中，硒的含量是常用植物饲料中最高的。由于菜籽饼（粕）中含有硫苷、芥酸和植酸等抗营养物质，影响了菜籽饼（粕）的适口性甚至会对饲喂动物产生毒性，因此，菜籽饼（粕）在饲料中的应用受到很大限制。自1974年开始，加拿大育种者已培育出低硫苷和低芥酸的油菜品种，可使菜籽饼粕中的硫苷含量降到40μmol/g以下，可直接用做饲料蛋白源，用于养殖业。1979年这些“双低”或“双零”油菜品种取得统一的注册商品名称。

近年来由于我国水产、畜牧业的快速发展，对蛋白原料需求大大增加,极大地促进了双低油菜的推广。菜籽饼(粕)因其较高的蛋白含量和低廉的价格成为畜禽养殖中重要的蛋白原料,特别是在我国蛋白原料缺乏的南方地区更为重要。自 20 世纪 70 年代后期开始,我国油菜的种植面积和产量均居世界首位。2008 年我国油菜种植面积 727.77 万 hm^2,比 2007 年增加 68.4 万 hm^2,总产量 1 365.7万 t,比 2007 年增加 155.5 万 t,创历史新高。“双低”油菜面积占油菜总种植面积的 85.5%。按照出饼(粕)率 60%计算,2008 年我国油菜籽制油后可得菜籽饼(粕)超过 800 万 t,菜籽饼(粕)在蛋白质饲料原料的贸易量中位居第二,仅次于豆粕。此后,“双低”油菜种植面积继续大幅度增长,至 2010 年,双低率已达到 90%以上;2014 年我国油菜收获面积预计为 11 250万亩(USDA 统计数据),比 2013 年增加 0.67%;全国油菜籽总产量达 1470 万 t,比 2013 年增加 3.5%;2014 年全国油菜平均单产为 130.7kg/亩,比 2012 年提高 2.8%,创历史新高。2014 年,全国双低油菜种植已基本普及,新育成、新推广的油菜杂交品种 100%达到双低标准。

何谓“双低”油菜,我国的国家标准是:油菜籽中芥酸含量在 5.0%以下,菜籽饼粕中硫代葡萄糖苷含量低于 45.0μmol/g,符合这两个标准的可称为双低油菜。

美国饲料管理协会(AAFCO)的标准是,菜籽油中芥酸的含量低于 2%,脱脂菜粕中硫苷的含量低于 30μmol/g,粗纤维含量不超过 12%。菜籽粕的蛋白含量和饲用价值根据生产菜籽粕的油菜籽实类别、油菜生长的地理区域、油菜籽所含外壳质量及提取菜籽油方法等不同而存在差异。

Liu 等(1994)通过对超过 200 个菜籽饼(粕)样品的分析发现,提取菜籽油最主要的两种方式——螺旋压榨法和预榨浸出法生产的菜籽饼(粕)的营养成分含量存在显著差异。其原因是由于菜籽榨油工艺的不同致使榨油后的副产品菜籽饼(粕)中所含的剩余油脂含量存在很大的差异,同时菜籽饼(粕)中的氨基酸含量也存在很大的差异。在干物质基础上，螺旋压榨菜籽饼平均粗蛋白含量为389g/kg，油脂106g/kg，粗纤维132g/kg，灰分87g/kg，钙8g/kg，磷11g/kg，硫代恶唑烷酮(2.3±2.2)mg/g，异硫氰酸酯(2.7±1.8)mg/g；预榨浸出菜粕平均粗蛋白含量为432g/kg，油脂19g/kg，粗纤维138g/kg，灰分99g/kg，钙9g/kg，磷12g/kg，异硫氰酸酯(1.4±1.0)mg/g。由此可见，菜籽饼的油脂含量要高于菜籽粕，菜籽饼在作为蛋白原料提供氨基酸的同时还提供了一定的能量，这在能量原料价格居高不下的情况下显得十分重要。但有研究指出日粮中添加高含量菜籽饼会降低猪肉质量，这是由于菜籽饼中剩余的菜籽油含有丰富的不饱和脂肪酸，会软化胴体脂肪。

席鹏彬(2002)从中国油菜主要生产省采集11个具代表性的菜籽品种，并在当地典型榨油工艺条件下加工成饼粕。结果表明，芥酸、粗脂肪和粗蛋白的含量受菜籽品种来源和榨油方法的影响；总硫苷含量基本无变化，只受菜籽品种来源的影响；蛋白溶解度只与榨油方法有关；榨油前脱脂油菜籽与榨油后油菜饼(粕)中多数氨基酸含量相似，菜籽饼(粕)中氨基酸含量不受榨油方法的影响。Zhang等(2011)从我国8个主要油菜产区随机各采集1种菜籽粕样品，通过分析可知各地菜籽粕的营养成分含量存在一定的差异，其中粗蛋白含量最大值和最小值差异为6.71%、粗脂肪为3.11%和粗纤维为5.92%，这些差异与各地菜籽粕品种及加工工艺等因素有关。菜籽粕平均粗蛋白含量为41.73%、油脂1.67%、粗纤维13.42%、灰分9.23%、钙0.69%和磷0.88%。

菜籽饼(粕)中含有硫苷、单宁和皂角苷等不良成分，其中硫苷含量超标是限制菜籽饼(粕)利用的瓶颈因素。硫苷无毒，但硫苷与硫苷酶或芥子酶伴存，在油菜籽发芽、受潮或轧碎等情况下，硫苷可在芥子酶的酶解作用下产生异硫氰酸酯、恶唑烷硫酮和腈类等有害物质。这些物质对畜禽具有毒害作用，可引起甲状腺、肝或肾肿大以及肝出血，造成动物生长速度下降及繁殖力减退。单宁则妨碍蛋白质的消化，降低适口性。芥酸阻挠脂肪代谢，造成心脏脂肪蓄积及生长受到抑制。除了培育抗营养物质含量低的菜籽饼（粕）品种外，还有物理法、化学法和生物法用于脱除硫苷，但这些方法还存在效果不理想、成本高、干物质损失和废水污染等缺陷，限制其在工业上大规模运用。

目前，菜籽饼（粕）不仅在水产养殖业中得广泛应用，在猪饲料中应用也十分普遍，无论是仔猪饲料、生长育肥猪饲料或者是母猪饲料，菜籽饼粕都已成为重要饲料蛋白来源。

三、种植油菜可改良土壤，提高土壤肥力

油菜饼粕中富含氮、磷、钾等多种营养元素，它还是上等有机肥料，肥效仅次于豆饼，是发展温室和大棚栽培作物不可缺少的肥料。油菜的根、茎、叶、花、果、壳等含有丰富的氮、磷、钾，因此，开花结实阶段的大量落花落叶，以及收获后的残根和秸秆还田，能显著提高土培肥力。若每亩油菜的茎秆、落花、落果和果壳等合计起来，其肥效相当于 50kg 的硫酸铵、18kg 过磷酸钙和 22kg 硫酸钾的总和。这些东西部是有机物质，它们在提高土壤肥力的同时，还可使土壤松软不板结。从而改善土壤结构。油菜根系发达，主根可深达土层 100cm，根系能分泌有机酸，可溶解土壤中难以溶解的有机磷，提高磷的有效性，对油菜收获后的后作如稻、麦等有明显的增产作用（一般可增产 10%左右）；在相同土质上若施肥量相同，油菜茬水稻比大麦茬水稻要增产 5%～10%。

四、油菜可提供多种工业原料

菜籽油经过精炼、脱色和氧化处理，可以制作色拉油、起酥油、人造奶油以及糖果、糕点等高级食品。菜籽油在食品工业中应用很普通，还是多种工业的重要原料，用于冶金、机械、橡胶、化工、纺织、油漆、制皂、油墨、造纸、皮革、医药等。高芥酸油在工业上还有特殊用途，如铸钢需要使用高芥酸油做润滑剂，船舶、铁路车辆都要用高芥酸油做润滑油。芥酸的衍生物芥酸胺广泛用在塑料制品上，菜籽油的裂解产物可分离出壬酸酯和十三碳二元酸，用做塑料工业的优良增塑剂，还可以制造尼龙、化妆品。菜籽油还可以作为生物燃料，用做替代能源，在能源紧缺日益加剧的当今世界，生物燃料显得十分重要，已有不少国家开始试用菜籽油生物燃料。

五、种植油菜便于调节作物茬口

在南方，油菜是越冬作物。在水稻收获后种一季油菜，变冬闲田为油菜田，可增加一季收成，又不误翌年的水稻种植，从而实现粮油双丰收。冬油菜的成熟期比小麦早半个月，在长江中下游5月中旬左右即可收割，若品种选择和栽培措施得当，还可实现油菜、早稻和晚稻一年三熟，充分发挥人多田少的生产潜力。在北方，利用早春空闲季节，增种一季春油菜，油菜收后复种、复栽或油菜预留行间套种粮食作物，可变一年一熟或两年三熟为一年多熟。

六、种植油菜有利于养蜂业发展

油菜是一种良好的蜜源作物，油菜花的基部有蜜腺分泌蜜汁供蜜蜂采集。一株油菜可开上千朵花，花期可持续1个月之久。由于油菜的病虫害比粮棉等大田作物和各类蔬菜少得多，农药污染较轻，酿出的蜂蜜品质较优。油菜开花期放养蜜蜂，每亩可收获蜂蜜1.7～5kg。每一群蜜蜂在整个油菜花期可采蜜50kg以上。蜜蜂除了采花酿蜜增加农民收入外，还是油菜的传粉媒介，可以增加油菜籽产量。据研究，油菜花期放蜂可增加油菜的结角数和每角果粒数，从而使菜籽产量提高10%左右。因此，在油菜花期放蜂，可以获得油菜、蜂蜜的双丰收。此外，油菜花粉还可生产花粉口服液等营养品和化妆品。

七、种植油菜可发展休闲观光旅游农业

休闲观光旅游农业是高效农业与旅游业相结合的新型交叉产业。它是在充分开发具有观光旅游价值的农业资源的基础上，以生态旅游为主体，把农业生产、新兴农业技术应用与游客参加农事活动等融为一体，并充分欣赏大自然浓厚情趣的一种旅游活动。

油菜产业化的开发，连片大面积种植油菜，近年来已成为发展旅游观光的一个热点。国内较有名气的油菜观光景点有陕西汉中、江西婺源、江苏兴化、湖北荆门、重庆潼南、云南曲静罗平、青海门源、上海奉贤、浙江瑞安、贵州贵定等十大观光景点。浙江宁波也开发了宁波江北、宁海桑洲、鄞州它山堰等六大油菜观光带，由于观光油菜旅游带的开发，当地农户既收了菜籽，又增加了旅游开发收入，经济效益十分显著。

第二章　油菜的主要类型与品种

第一节　油菜的主要品种类型

油菜一般可分为白菜型油菜、甘蓝型油菜、芥菜型油菜三大类型。

一、白菜型油菜

白菜型油菜生育期短，一般为150～200d，千粒重3g左右，产量低，含油量35%～40%，抗病性差。

我国是世界上公认的白菜型油菜起源中心，原产的白菜型油菜资源有2 006份，从青藏高原亚区、蒙新内陆亚区、东北平原亚区等春油菜区，到华北关中亚区、云贵高原亚区、四川盆地亚区、长江中游亚区、长江下游亚区、华南沿海亚区等冬油菜区均有不同程度的分布。根据种性，白菜型油菜可分为冬性、春性和半冬性3个生态类型。一般来说，冬油菜和春油菜分布于北方各省区，主要在陕西、河南、山西及甘肃、青海和西藏等地，而半冬性油菜分布于南方各省区，主要在云南、贵州及长江流域的四川、湖北、湖南、江西、浙江、安徽、江苏等地；分别称之为北方小油菜和南方油白菜。通常所说的本地油菜或土种油菜就是白菜的变种，如“绍兴白油菜”“乐清大种油菜”“黄岩宁波种油菜”“三门油菜籽”等。

白菜类型的基本特征是：植株较矮，一般春性品种幼苗直立，冬性品种株型匍匐，半冬性品种介于二者之间；茎组织松软，木质化程度较低，易倒伏；北方小油菜分枝性弱，分枝数少。南方油白菜分枝性较强，分枝部位低，有的从地面就分枝，呈丛生型分枝性较强，多集中着生于基部茎节；叶面大，多数没有蜡粉，叶色淡绿或浓绿，叶片较薄。多数品种无琴状裂叶，叶边光滑或有浅的缺刻，原产中国西北部的北方小油菜基叶有明显叶柄，具琴状缺刻；南方油白菜基叶叶柄不明显，无琴状缺刻或不明显；主根不发达，支细根较发育中等或发达；花小，直径 4～20mm。花色淡黄至深黄，花瓣椭圆，花瓣不具明显爪。花序中间花蕾着生位置低于开放花朵。开花时雄蕊花药一般向外开裂，自交不亲和性强，异交结实率高，一般 80%～90%。种子较小，有黄、紫红、赤褐等色，没有辛辣味。种子不具明显窠孔，长角果不成念珠状，植株无辛辣味，染色体数均为 n＝10，基生叶多为全缘，少数羽裂，显示出芸薹属植物基生叶由全缘向裂叶的过渡。生育期较短，成熟早，抗寒性中等，抗病性较差，产量较低，抗病虫性较弱，是芸薹属中最原始的类群。我国白菜型栽培油菜可分为两种：

1. 北方小油菜

即芸薹原变种，其基生叶大头羽裂，顶裂片圆形或卵形，边缘有不整齐锯齿，侧裂片 1 至数对，基部抱茎，上部茎生叶倒卵形，长圆形或披针形，抱茎。

2. 南方小油菜

即青菜（通称），又称小白菜（通称）、油菜（东北）、小油菜（经济植物手册）的变种——油白菜。其基生叶倒卵形或宽卵形，基部渐成宽柄，全缘或有不明显齿，上部茎生叶倒卵状或椭圆形，但其茎生叶均无柄，两侧有耳，基部抱茎，显示出白菜组植物茎生叶由不抱茎向抱茎的过渡。

中国青藏高原的白菜型油菜地方品种千粒重最大可达 6～7g。种皮暗褐、红褐或黄色，无辛辣味。种子含油率一般为 30%～40%，青藏高原的白菜型油菜最高达 50%以上。

这种类型的油菜菜籽油产量约占植物油产量的 1/3 以上。除主要产区长江和珠江流域外，其他地区也在大力发展白菜型油菜，因为它可利用冬闲地种植，不与大田作物争地。

白菜型油菜菜籽毛油呈黄略带绿色，具有令人不快的气味和辣味。碱炼、脱色、脱臭后的菜籽油澄清透明，颜色浅黄无异味。储藏时有风味回复的现象，但与原来（毛油）的风味不同。

浙江省农业科学院蒋立希、陈蔓玲曾于“七五”期间搜集浙江省姜黄种、诸儿高子、灯笼种、吴兴土黄籽、德清金菜籽、海宁金壳黄、硖石黄籽、海盐黄菜籽、长粳白、油白菜、杭州金黄种、淳安土种、绍兴白油菜、油冬儿、上虞本地油菜、鄞县土种、金华红种、永康油菜、高脚油菜等70份白菜型油菜进行对比并聚类分析，结果如下：

1. 含油量

在30.16%～42.39%变幅内，平均38.20%±2.61%，变异系数6.6%。其中含油量为34%～42%的品种数占全部品种数的88.6%，低于34%和高于42%含油量的品种只有43%和71%。说明浙江省白菜型油菜种质资源多数具有中高程度含油量。

2. 芥酸含量

一般介于46.12%～58.34%，平均为53.81%±2.20%，变幅不大，变异系数4.1%，多属中高芥酸含量类型，可望从中直接或作为杂交亲本间接选育出工业用高芥酸油菜品种。

3. 产量构成因素

由于数量性状且易受环境影响，变幅较大，如单株角果数为65～359角，每角粒数为8.3～23.6粒，千粒重为1.95～3.10g，其平均值相应为（179.84±85.6）角、（15.54±3.9）粒、（2.44±0.32）g；相应的变异数为47.6%、24.9%和13.5%，以致品种间产量差异很大。

4. 株高

供试品种多属矮秆或半矮秆类型，矮秆品种占71.4%，其株高在78.0～120.0cm，平均株高（99.21±11.96）cm，变异系数12.1%，其余为半矮秆型品种，平均株高（131.3±5.0）cm，变异系数较小，仅3.78%。

5. 抗倒伏性

供试品种的高抗，中抗，不抗的品种数分别占全部品种数的31.4%、50.0%、18.6%，中抗者居多。

6. 苗期生长习性

大多数品种属直立或半直立类型，分别占38.6%，47.1%，匍匐型的只占14.3%。由于苗期生长习性与冬性强弱程度有密切关系，可见，浙江省约85%以上地方品种均属半冬性或春性类型。生长发育较早。

二、甘蓝型油菜

甘蓝型油菜生育期较长，一般为170～230d，千粒重3～4g，产量较高，含油量35%～45%，抗病、抗寒、适应性强，增产潜力大。

甘蓝型油菜起源于欧洲，集中分布在欧洲偏北部各国，是三种油用油菜中籽粒产量最高的种类，目前在我国长江中下游流域大量种植。甘蓝型油菜现在可分为两类，一类是杂交种，如沣油737、德新油53、早杂油1号等；另一类为常规品种，如胜利油菜、中双11号、浙大619、浙油50、浙大622、华航901、浙双72、宁油16号等。甘蓝型油菜是我国目前主栽的油菜品种类型。

甘蓝型油菜的基本特征是：株型中等，根系发达，接近地面的根膨大多肉；幼苗真叶有刺毛，成长叶无刺毛，叶较大较厚、肉质，叶色灰绿、蓝色或蓝绿色或浓绿，有琴状裂叶，叶面蜡粉较厚；分枝性中等，分枝节位中等；花大，直径1.5～2.5cm，白色至浅黄色，有长爪；花瓣平滑重叠呈覆瓦状或宽卵形或长圆形，花粉孔沟类型多为3～4沟，植株及叶面均无刺毛，其染色体数为n=19。种子较大，多为黑褐色，没有辛辣味；成熟迟，生育期长，抗寒性和抗病毒病能力较强，比较耐肥。产量较高的特点。中国栽培的甘蓝型组油菜为欧洲油菜，其下部基生叶大头羽裂，顶裂片卵形，顶端圆形，基部近截平，边缘具钝齿，侧裂片约2叶，卵形，叶柄长2.5～6cm；基部及上部薹茎生叶由长椭圆形渐变成披针形，基部心形，薹茎叶半抱茎或抱茎着生，全株被粉霜，不具辛辣味。

甘蓝型油菜不仅可生产食用油，而且其饼粕富含蛋白质，可作为动物饲料。油菜种子中因含有大量抗营养物质，如多酚化合物、木质素和纤维素等，其中多酚物质主要包括单宁、原花色素、类黄酮、羟基苯丙烯酸的衍生物和芥子油苷等，这些物质会严重影响菜籽油的品质和饲料的营养价值。

甘蓝型油菜经过种质培育，目前很多品种芥酸含量已低于3%，已经很少有以往的“青味”。产地不同的油菜籽脂肪酸组成有很大区别，一些油菜籽含油酸量超过50%。

三、芥菜型油菜

芥菜型生育期中等，一般为160～210d，千粒重1～2g，产量不高，菜籽含油量30%～35%，抗旱、抗寒、耐瘠。

芥菜型的油菜通称高油菜、薹油菜、辣油菜或大油菜，是芥菜的变种。我国是芥菜型油菜的起源地之一，芥菜型油菜资源十分丰富。大多数农家芥菜型油菜品种分布于西南及西北的省份。由于地理分布和生态环境的差别，这些品种在遗传组成上差异可能较大。目前栽种较多的有晋油8号、晋油12号等品种。浙江省种的雪菜如鄞雪182、紫雪1号、紫雪4号等如用于收籽榨油，也可归属于芥菜类油菜。

芥菜类型油菜的基本特征是：植株高大，主根强壮，侧根发达；茎秆纤维化早而坚硬，直立不易倒伏，叶薄，有刺毛，有琴状裂叶，叶色深绿或微带蓝色，或者深紫色，叶缘绕有明显锯齿状或波浪形，叶面蜡粉少，落叶较早；分枝性强，分枝节位中等或高；花朵小，花瓣小而平滑，开花时四瓣分离而不重叠花瓣不具明显爪；种子小，长角果皱缩成念珠状，有红、黄、褐或黑等色；植株、叶、种子均有浓厚的辛辣味，这是鉴别芥菜类型油菜的重要特征之一；染色体数为n=18，其茎生叶均大头羽裂。生育期一般中等偏长，抗旱、抗病、耐湿、耐瘠，但产量较低。适合于间作或混播。

我国芥菜组栽培油菜可分为两种：

1. 细叶芥油菜

即为芥菜的变种油芥菜(内蒙古物志),又称为高油菜(华北地区通称)其基生叶较小而狭窄,密被刺毛和蜡粉,呈长圆形或倒卵形,边缘有锯齿或缺刻,大头羽裂,辛辣味强烈,叶面皱缩而粗糙,分枝部位高,角果皱缩较小,植株较小。浙江的细叶类型雪菜可归属此类。

2. 大叶芥油菜

即为芥菜(原变种),其基生叶大头羽裂,但羽裂明显少于细叶芥油菜,基生叶呈宽卵形,叶全缘或波状,无明显锯齿,叶面宽大,较光滑,少或不被刺毛及蜡粉,植株较细叶芥高大,稍具辛辣味,角果皱缩成念珠状,较细叶芥油菜长而宽。浙江的大叶芥菜和邱隘的黄叶种雪菜如以收籽榨油为目的可归属此类。

除以上三大类型以外的油菜称为其他类型油菜,主要包括以下几种。

1. 白芥

属白芥属的植物,下部叶大头羽裂,有2～3对裂片,顶裂片宽卵形,常3裂,长3.5～6cm,宽3.5～4.5cm,侧裂片长1.5～2.5cm,宽5～15mm,二者顶端皆圆钝或急尖,基部和叶轴会合,边缘有不规则粗锯齿,两面粗糙,有柔毛或无毛,上部叶卵形或长圆卵形,边缘有缺刻头羽裂齿。花瓣倒卵形,具短爪。长角果近圆柱状,喙呈剑状。欧洲原产,我国辽宁、山西、山东、安徽、新疆、四川等省区引种栽培。

2. 芝麻菜

芝麻菜又称香油罐(黑龙江)、臭菜(辽宁)、臭芥(内蒙古自治区)、芸芥(西北)、金堂葶苈(四川),属芝麻菜属植物。其茎疏生长硬毛或近无毛,基生叶及下部叶大头羽裂或不裂,顶裂片近卵形或短卵形,有细齿,侧裂片卵形或三角状卵形,全缘,仅下面脉上疏生柔毛,叶柄长2～4cm,上部叶无柄,具1～3对裂片,顶裂片卵形,侧裂片长圆形。花瓣黄色,后变白色,有紫纹,短倒卵形。长角果圆柱形,果角表面无毛,有1隆起中脉,喙剑形,扁平,仅在东北、华北、西北见野生种或栽培种。

3. 油萝卜

油萝卜是萝卜属萝卜的变种。其基生叶及下部茎生叶大头羽状半裂,顶裂片卵形,侧裂片4～6对,长圆形,有钝齿,疏生粗毛,上部叶长圆形,有锯齿或近全缘。花白色或粉红色,花瓣倒卵形,长角果圆柱形,角果肥短,果喙长,果皮厚,不易脱粒。在浙江、台湾、广西、四川、云南、西藏等地有野生种或栽培种。

4. 拟南芥

拟南芥(江苏南部种子植物手册,中国种子植物种属辞典)又称鼠耳芥(中国高等植物图鉴)。其茎上常有纵槽,上部无毛,下部被单毛,基生叶莲座状,倒卵形或匙形,顶端钝圆或略急尖,基部渐窄成柄,边缘有少数不明显的齿,所有均有2～3叉毛;茎生叶无柄,披针形,条形,长圆形或椭圆形。花瓣长圆形或条形,果瓣两端钝或钝圆。产华东、中南、西北及西部各省区。

第二节　主要推广品种

一、甘蓝型

(一)生态类型

甘蓝型油菜可分为两个种,即亚洲型油菜和欧洲型油菜。种下按生态类型可区分为春油菜与冬油菜两类。春播油菜对温度的反应均为春性,对长日照反应敏感,但按其强弱又可分为敏感型(迟熟)和不敏感型(早熟)。冬播油菜对温度的反应有3种:冬性(迟)、半冬性(中)、春性(早),而对长日照的反应一般不敏感。

(二)典型品种

1. 浙油50

浙油50是由浙江省农业科学院作物与核技术利用研究所选育的菜种。品种来源:沪油15/浙双6号(图2-1)。

图 2-1　浙油 50 油菜

该品种全生育期 227.4d，略早于对照，属中熟甘蓝型半冬性油菜。株高 157.2cm，有效分枝位 39.8cm，一次有效分枝数 10.4 个，二次有效分枝数 8.5 个，主花序有效长度 55.7cm，单株有效角果数 481.8 个，每角粒数 21.9 粒，千粒重 4.3g。经农业部油料及制品质量监督检验测试中心品质检测，含油量 49.0%，芥酸含量 0.05%，硫苷含量 26.0μmol/g。经浙江省农业科学院植物保护与微生物研究所抗性鉴定，菌核病和病毒病抗性与对照相仿。

该品种 2007—2008 年度省油菜区域试验平均亩产 160.3kg，比对照浙双 72 增产 19.7%，达极显著水平；2008—2009 年度平均亩产 175.6kg，比对照增产 11.6%。两年平均亩产 168.0kg，比对照增产 15.7%；两年平均产油量 82.3kg，比对照增产 29.4%。2008—2009 年度省油菜生产试验平均亩产 178.8kg，比对照增产 9.4%。2013 年，长兴县画溪街道曹家桥村农户彭桂福种的一块浙油 50，由省农业厅组织专家验收的油菜最高亩产初测产量达到 303.8kg，打破了 2011 年由杭州余杭区益民农业生产服务专业合作社创造的浙江省最高亩产 242.5kg 的纪录。

该品种于 2009 年通过浙江省品种审定，2010 年通过长江下游区国家品种审定，2011 年通过长江中游区国家品种审定，成为浙江省第一个通过国家两个大区审定的品种。

2. 浙油 51

浙油 51(原名:M417)由浙江省农业科学院育成(图 2-2)。品种来源:9603/宁油 10 号,审定编号:国审油 2013017。

图 2-2 浙油 51 油菜

甘蓝型半冬性常规双低品种。子叶大,幼苗直立。叶片大,绿色,叶柄中长,叶缘波状,裂叶 2 对,有缺刻,被蜡粉。花瓣大,黄色。植株中高,茎秆粗壮,角果长,斜生,喙中长,籽粒粗,黑色圆形。全生育期 230.4d,比对照秦优 10 号迟熟 2.5d。株高 151.4cm,一次有效分枝数 8.8 个,单株有效角果数 279.54 个,每角粒数 21.21 粒,千粒重 3.93g。菌核病发病率 22.74%,病指 13.37;病毒病发病率 1.21%,病指 0.81。抗病鉴定综合评价为中感菌核病。抗倒性强。经农业部油料及制品质量监督检验测试中心检测,平均芥酸含量 0.3%,饼粕硫苷含量 22.68μmol/g,含油量 48.54%。

产量表现:2011—2012 年度参加长江下游区油菜品种区域试验,平均亩产 185.93kg,比对照秦优 10 号减产 0.8%;平均亩产油量 88.99kg,比对照增产 11.98%。2012—2013 年度续试,平均亩产 217.55kg,比对照增产 5.67%;平均亩产油量 107.08kg,比对照品种增产 14.61%。两年平均亩产 201.74kg,比对照品种增产

2.43%;平均亩产油量 98.03kg,比对照增 13.29%。2012—2013 年度生产试验,平均亩产 209.41kg,比对照秦优 10 号增产 7.95%,亩产油量 99.87kg,比对照增产 16.21%。

该品种符合国家油菜品种审定标准,2013 年通过审定。适宜在上海、浙江、江苏淮河以南的冬油菜主产区种植。

3. 浙大 619

浙大 619 是由浙江大学农业与生物技术学院选育而成(图 2-3)。品种来源:(双低品系 319/高油 605)F5//鉴 6。

图 2-3　浙大 619 油菜

该品种全生育期 225.2d,与对照浙双 72 相仿,属中熟甘蓝型半冬性油菜。株高 182.6cm,有效分枝位 54.8cm,一次分枝数 10.2 个,二次分枝数 8.0 个,主花序有效长 60.6cm,单株有效角果 515.7 个,每角实粒数 23.6 粒,千粒重 4.05g。品质经农业部油料及制品质量监督检验测试中心检测:含油量 45.2%,芥酸含量 0.1%,硫苷含量 18.4μmol/g。经浙江省农业科学院植物保护与微生物研究所鉴定:菌核病株发病率 17.4%,病指 13.3;病毒病株发病率 35.0%,病指 16.2,菌核病、病毒病抗性均优于对照。

该品种 2006—2007 年度省油菜区试平均亩产 179.47kg,比对照浙双72增产10.0%,达显著水平;2007—2008年度平均亩产147.1kg,比对照增产9.9%,未达显著水平;两年平均亩产163.3kg,比对照增产9.9%;两年平均产油量73.9kg,比对照增产14.2%。2008—2009年度参加浙江省油菜生产试验平均亩产168.7kg,比对照增产3.2%。

该品种于2009年通过浙江省品种审定委员会审定,审定意见:浙大619熟期适中,植株较高,籽粒较大;丰产性好;品质优,含油量较高,抗病性优于对照,适宜在全省油菜产区种植。

4. 浙大622

浙大622(原名:Y622)由浙江大学农业与生物技术学院、杭州市良种引进公司合作选育而成(图2-4)。

图2-4 参观浙大622油菜

该品种全生育期230.5d,比对照短0.5d,与对照浙双72相仿,属于中熟甘蓝型半冬性油菜。株高为157.4cm,有效分枝位28.9cm,一次分枝11.1个,二次分枝15.1个,主花序有效长度和有效角果数分别为56.0cm和62.9个,单株有效角果数567.6个,每角实粒数19.7粒,千粒重4.0g。品质经农业部油料及制品质量监督检验测试中心检测,含油量48.3%,硫苷含量19.6μmol/g,芥酸0.1%。经浙江省农业科学院植物保护与微生物研究所鉴定,菌核病株发病率 37.8%,病情指数 27.7;菌核病抗性强于对照。

2009—2010 年度省区试平均亩产 178.6kg,比对照增产 3.1%,未达显著水平;亩产油 86.4kg,比对照增产 11.9%。2010—2011 年省区试平均亩产 181.5kg,比对照减产 6.9%,达极显著水平;亩产油 86.3kg,比对照增产 1.3%。2011—2012 年省区试平均亩产 181.7kg,比对照增产 8.1%,达极显著水平,比平均数增产 4.7%;亩产油 89.3kg,比对照增产 21.8%,比平均数增产 11.9%。3 年平均亩产 180.6kg,比对照增产 1.4%;亩产油 87.3kg,比对照增产 11.7%。2012—2013 年度省油菜生产试验平均亩产 205.1kg,比对照增产 3.3%。

该品种于 2014 年通过浙江省品种审定委员会审定,审定意见:浙大 622 熟期适中,株高中等,籽粒褐黄色;丰产性好;含油量高,品质优,抗病性优于对照,在浙江全省油菜产区适宜种植。

5. 华杂 62

华杂 62 由华中农业大学选育而成(图 2-5),品种来源:2063A/05-P71-2。

图 2-5　华杂 62 油菜

该品种属甘蓝型半冬性细胞质雄性不育三系杂交种。苗期长势中等,半直立,叶片缺刻较深,叶色浓绿,叶缘浅锯齿,无缺刻,蜡粉较厚,叶片无刺毛。花瓣大、黄色、侧叠。区试结果:全生育期平均 219d,与对照中油杂 2 号相当。平均株高 177cm,一次有效分枝数 8 个,单株有效角果数 299.5 个;每角粒数 21.2 粒;千粒重 3.77g。菌核病发病率 10.93%,病指 7.07;病毒病发病率 1.25%,病指 0.87。抗病鉴定综合评价为低感菌核病。抗倒性较强。经农业部油料及制品质量监督检验测试中心检测,平均芥酸含量 0.75%,饼粕硫苷含量 29.00μmol/g,含油量 40.58%。

2008—2009 年度参加长江中游区油菜品种区域试验,平均亩产 163.0kg,比对照中油杂 2 号增产 6.5%;2009—2010 年度续试,平均亩产 178.1kg,比对照品种增产 7.2%。两年平均亩产 170.5kg,比对照品种增产 6.83%。2009—2011 年参加长江下游区域试验,两年平均亩产 172.95kg,比对照(秦优 7 号)增产 8.61%,平均产油量 71.14kg,比对照增产 3.18%。

该品种于 2009 年通过湖北省品审委员会审定,2010 年通过国家(中游)品审委员会审定,2011 年通过国家(下游)品审委员会审定,2011 年通过国家(春油菜区)品审委员会审定。适宜在湖北、湖南、江西、上海、浙江及安徽和江苏两省淮河以南的冬油菜主产区种植,还适宜在内蒙古自治区、新疆维吾尔自治区及甘肃、青海两省低海拔地区的春油菜主产区种植。

6. 浙双 72

浙双 72(又名浙双 2 号)是浙江省农业科学院以高产品种宁油七号为母本,澳大利亚双低品种马努为父本,育成的双高(高产、高含油量)双低(低芥酸、低硫苷)油蔬两用型油菜新品种(图 2-6)。

该品种属甘蓝型半冬性偏春性类型,熟期理想,耐湿性强,耐迟直播,幼苗直立,叶色淡绿,薹茎粗壮无蜡粉,花黄色,种子黑色;具有油蔬两用的特点。浙双 72 改善了甘蓝型油菜薹常有的苦涩味,菜薹可鲜食或加工成脱水蔬菜,每亩约增加产值 100 元,采薹后对产量、品质无明显影响。经品质检测结果,其菜薹的维生素

图 2-6　浙双 72 油菜

C、B_1、B_2 和人体必需的微量元素锌、硒均高于油冬儿青菜薹。

该品种 1997—1999 年浙江省区试，平均亩产 137.28kg，比对照九二 58 系增产 20.86%，达极显著。2000 年省生产试验，平均亩产 143.4kg 比对照九二 58 系增产 12.8%。2001 年度江西省区试，平均亩产 132.19kg，比对照全国主栽品种中油 821 增产 15.81%，达极显著，居首位。一般亩产 150～180kg，最高亩产达 267kg，创浙江省油菜高产新纪录。浙江省农业科学院植物保护与微生物研究所对两年浙江省油菜区试参试品系抗病性鉴定结果，浙双 72 较抗菌核病，病情指数分别为 41.25 和 32.0，对照九二 58 系为 42.5 和 30，已达双高品种九二 58 系水平。病毒病抗性略次于对照。浙双 72 耐湿性特强，1998 年出现历史上罕见的烂冬年，其余品种烂根死苗严重，浙双 72 仍生长良好，1999 年夏收浙双 72 产量与浙江省主栽品种九二 58 系比，增产幅度比正常年份更突出，使浙江省种植面积由 1999 年的 2.79 万亩，2000 年迅速扩大到 28.32 万亩。

农业部油料及制品质量检测中心检测结果，其含油量 43.5%，芥酸 0.67%，硫苷 22.73μmol/g(饼)，符合国家双低油菜标准。

该品种2003年通过国家审定，目前已大面积推广，成为华东区油菜主栽品种之一。仅1998—2003年夏收，在省内外已累计种植996.3万亩，新增效益5.9亿元。浙江省累计种植467.51万亩(其中宁波累计推广16万亩)，占浙江省油菜面积的1/3以上，占浙江省双低油菜面积的75%以上。江西、安徽、江苏、湖南、湖北等省也已引种种植。

7. 沪油15

沪油15是上海市农业科学院作物研究所采用双交法选育的甘蓝型双低油菜新品种，品种来源：(23010，鉴7)F3×(AB448，汇油50)F4。2000年通过上海市农作物品种审定委员会审定：2001年通过浙江省农作物品种审定委员会审定(图2－7)。

图2－7　沪油15油菜

该品种为中熟常规油菜品种，全生育期238d。分枝习性属中生分枝型，主花序较发达，株高160cm左右，一次有效分枝8～9个，单株有效角果400个，每角果粒数20粒左右，种子黑褐色，千粒重4.2g。籽粒含芥酸0.43%，硫苷为28.60μmol/g，含油率42.43%。芥酸含量<0.5%，硫苷含量<22μmol/g。在2000年全国区试中，平均每公顷产量为2.9t，比中油821增产7.0%。抗寒性优于普通油菜品种汇油50；耐菌核病性与汇油50相似，抗病

毒病性明显强于汇油50，耐湿性略比汇油50差。适宜于上海、浙江、江苏、安徽等长江下游地区种植。

8. 秦优10号

秦优10号由陕西省咸阳市农业科学研究所选育而成（图2-8），属甘蓝型半冬性细胞质雄性不育三系杂交种，全生育期236d左右，生长势强，春发快，幼苗半直立，叶色绿，色浅，叶大，薄，裂叶2～3对，深裂叶，叶缘锯齿状，有蜡粉，花瓣较大，侧叠，花色黄，一般株高168.0～175.0cm，分枝部位40cm左右，匀生分枝，单株有效分枝节10个左右，平均单株有效角果数一数455.8个，每角粒数21.2粒，千粒重3.4g，籽粒黑色。菌核病发病11.81%～21.82%，病指4.66～10.66，病毒病发病株率10.01%～20.38%，病指4.38～9.79，抗倒性较强。中国油料作物研究所病原接种抗性鉴定，2005年鉴定结果为中抗菌核病和病毒病，2006年鉴定结果为低抗菌核病，中抗病毒病。品质优良，2004年经陕西省种子管理站测定，芥酸含量小于0.1%，硫苷含量27.93μmol/g，含油量42.8%，2006年芥酸含量0.2%，硫苷含量29.06μmol/g，含油量42.72%，属双低油菜杂交种。

图2-8　秦优10号油菜

经参加陕西省油菜区试和国家长江下游区区试。产油菜籽和产油量突出，增产潜力大。2003 年和 2004 年参加陕西省油菜品种区试，生产共 16 点次，其中 12 点次增产，4 点次减产，区域试验产量分别为 3 069kg/hm^2 和 3 048kg/hm^2 分别较对照秦 7 号增产 7.3%和 6.6%，两年平均产量 3 058.5kg/hm^2，平均较对照秦优 7 号增产 6.95%，平均产油量 1 300.5kg/hm^2，较对照秦优 7 号增产 6.28%，2004 年省生产试验平均单产 2 856kg/hm^2，较对照秦优 7 号增产 0.2%，2005—2006 年两年参加长江下游区国家 24 点次区试和生产试验，其中，17 点次增产，7 点次减产，在 2005 年参加国家长江下游区 C 组区试中，产油菜籽和产油量分别为 2 654.82kg/hm^2 和 1 137.9 kg/hm^2，分别较对照皖油 14 增产 13.47%和 17.26%，增产极显著，居试验第一位。2006 年参加国家长江下游区 D 组区试，平均单产和产油量分别为 2 623.5kg/hm^2 和 1 120.95 kg/hm^2 较对照秦优 7 号分别增产 6.07%和 8.48%，居试验第二位。2006 年参加国家长江下游区生产试验，平均单产 2 551.5kg/hm^2，较对照秦优 7 号增产 5.39%，增产极显著。2006 年在江苏试验示范种植，8 个示范点平均产量 3 634.5kg/hm^2，最高产量 4 416kg/hm^2。2007 年布点示范，展示种植 11.75hm^2，平均单产 4 158kg/hm^2，其中，启东市悦表镇和兆民镇示范 1.858hm^2，平均单产 4 251.3kg/hm^2，最高单产 5 722.5kg/hm^2，在安徽示范种植 6.51hm^2，平均单产 3 538.5kg/hm^2，最高单产 4 590kg/hm^2。

该品种适宜地区：适宜在陕西关中、陕南、长江下游区浙江、上海两省、市以及江苏、安徽两省淮河以南的油菜主产区推广种植。

9. 浙油 18

浙油 18 由浙江省农业科学院作物与核技术利用研究所选育而成(图 2－9)。品种来源：宁油 7 号/马努//沪油 15。

该品种属中熟甘蓝型油菜。株高 168.1cm，有效分枝位 41.4cm。一次有效分枝数 9.8 个，二次有效分枝数 7.6 个，主花

图 2-9　浙油 18 油菜

序长 59.3cm,单株有效角果数 445.3 个,每角粒数 20.8 粒,千粒重 3.9g。品质经农业部油料及制品质量监督检验测试中心检测,芥酸含量 0.11%,硫苷含量 22.3μmol/g,含油量 42.8%,油酸含量 69.2%。抗病性据浙江省农业科学院植物保护与微生物研究所接种鉴定,菌核病和病毒病株发病率分别为 29.2%和 40.0%,与对照相仿。2003—2004 年度省油菜区域试验平均亩产 173.6kg,比对照浙双 72 增产 9.3%,达极显著水平;2004—2005 年度省油菜区域试验平均亩产 134.5kg,比对照增产 0.7%,未达显著水平;两年平均亩产 154.1kg,比对照增产 5.4%。2004—2005 年度省生产试验平均亩产 130.2kg,比对照增产 5.0%。

2006 年通过浙江省品种审定,审定意见:该品种熟期适中,植株高大,角果多,籽粒较大,丰产性好,品质优,适宜在浙江省油菜产区种植。

10. 沣油 737

沣油 737 是湖南省农业科学院作物研究所选育的高产、稳产、中早熟、抗性强、适应性广等多种优良特性兼备的甘蓝型油菜细胞质雄性不育三系杂交种(图 2-10)。品种来源:湘 5A×6150R。

图 2-10 沣油 737 油菜

该品种植株偏矮，枝多角密，抗倒性强，耐寒、耐病性好。幼苗半直立，子叶肾形，叶色浓绿，叶柄短。花瓣深黄色。种子黑褐色，圆形。区试结果：全生育期 231.8d，比对照秦优 7 号早熟 3g。平均株高 152.6cm，中生分枝类型，单株有效角果数 483.6 个，每角粒数 22.2 粒，千粒重 3.59g。菌核病发病率 16.69%，病指 8.55；病毒病发病率 5.93%，病指 3.79。抗病鉴定综合评价中感菌核病。抗倒性较强。经农业部油料及制品质量监督检验测试中心检测，平均芥酸含量 0.05%，饼粕硫苷含量 20.3μmol/g，含油量 44.86%。

2007—2008 年参加长江下游油菜品种区域试验，平均亩产 180.5kg，比对照增产 5.0%；2008—2009 年度续试，平均亩产 174.9kg，比对照增产 16.99%；两年区试 16 个试点，13 个点增产，3 个点减产，平均亩产 177.7kg，比对照增产 10.56%。2008—2009 年生产试验，平均亩产 174.7kg，比对照增产 9.5%。

该品种 2009 年通过国家长江下游区品种审定。审定意见：该品种符合国家油菜品种审定标准，通过审定。适宜在上海、浙江及安徽和江苏两省淮河以南的冬油菜主产区种植。

11. 德新油 53

该品种由四川新丰种业有限公司选育而成(图 2-11)。品种来源:1293AB-2×R49。

图 2-11 德新油 53 油菜

该品种为甘蓝型半冬性隐性核不育两系杂交种。全生育期 228d。幼苗半直立,叶色绿,顶叶长圆,叶缘钝齿,裂叶 2~3 对,有缺刻,茎和叶有蜡粉,无刺毛。花瓣中等、黄色,复瓦状排列,籽粒黑褐色。株高 167.5cm,匀生分枝类型,一次有效分枝数 7.05 个,单株有效角果数 259.26 个,每角 25.83 粒,千粒重 3.56g。菌核病发病率 25.31%、病指 11.17;病毒病发病率 5.11%、病指 2.24,低感菌核病。抗倒性强。芥酸含量 0.35%,饼粕硫苷含量 22.75μmol/g,含油量 46.14%。

2010—2011 年度参加长江下游区油菜品种区域试验,平均亩产油量 76.67kg,比对照秦优 7 号增产 8.5%。2011—2012 年度续试,平均亩产油量 91.30kg,比对照秦优 10 号增产 10.3%。两年平均亩产油量 83.98kg,比对照增产 9.4%。2011—2012 年度生产试验,平均亩产油菜籽 184.0kg,比对照秦优 10 号增产 2.3%。

该品种于2014年通过国家审定，审定意见：该品种符合国家油菜品种审定标准，通过审定。适宜上海，浙江，江苏、安徽两省淮河以南的半冬性油菜区种植。

12. 沣油520

该品种由湖南省作物研究所选育而成(图2-12)，品种来源：20A×C3R。

图2-12　沣油520油菜

该品种属甘蓝型细胞质雄性不育三系杂交种。苗期叶色深绿，叶柄中长，薹茎绿色。花色深黄。种子黑褐色，近圆形。区试结果：全生育期平均217.5d，比对照中油杂2号早熟1d。平均株高167.6cm，中生分枝类型，单株有效角果334.7个，每角粒数19.4粒，千粒重3.38g。菌核病发病率8.2%，病指5.62；病毒病发病率2.0%，病指1.29；抗病鉴定综合评价低抗菌核病。抗倒性强。经农业部油料及制品质量监督检验测试中心检测，平均芥酸含量0.15%，饼粕硫苷含量24.63μmol/g，含油量41.91%。

2007—2008年参加长江中游区油菜品种区域试验，平均亩产170.6kg，比对照增产7.7%；2008—2009年度续试，平均亩产164.8kg，比对照增产5.6%；两年区试19个试点，16个点增产，3

个点减产，平均亩产 167.7kg，比对照增产 6.7%。2008—2009 年度生产试验，平均亩产 162.1kg，比对照增产 15.0%。

2009 年通过国家审定，审定意见：该品种符合国家油菜品种审定标准，适宜在湖北、湖南及江西三省冬油菜主产区种植。

13. 中双 11 号

中双 11 号是在国家“863”、“973”、科技支撑计划以及国家油菜产业技术体系的资助下选育成功的，其顺利通过国家区域试验和品种审定标志着我国克服了油菜育种中高油与高产、高油与抗病、高油与双低的三大矛盾，为高油油菜的产业化铺平了道路。

该品种由中国农业科学院油料作物研究所王汉中研究员为首的育种团队经过 8 年多的努力而成。品种来源：(中双 9 号/2F10)//26102(图 2-13)。

图 2-13　中双 11 号油菜大面积机械化直播示范

中双 11 号属半冬性甘蓝型常规油菜品种，全生育期平均 233.5d，与对照秦优 7 号熟期相当。子叶肾脏形，苗期为半直立，叶片形状为缺刻型，叶柄较长，叶肉较厚，叶色深绿，叶缘无锯齿，有蜡粉，无刺毛，裂叶 3 对。花瓣较大，黄色，侧叠。匀生型分枝类型，平均株高 153.4cm，一次有效分枝平均 8.0 个。抗裂荚性较好，平均单株有效角果数357.60个，每角粒数20.20粒，千粒重4.66g。种子黑色，圆形。区试田间调查，平均菌核病发病率12.88%、病指为6.96，病毒病发病率9.19%、病指为4.99。抗病鉴定结果为低抗菌核病。抗倒性较强。经农业部油料及制品质量监督检验中心测试，平均芥酸含量0.0%，饼粕硫苷含量18.84μmol/g，含油量49.04%。

2006—2007年度长江下游区试平均亩产177.92kg，比对照减产2.37%。2007—2008年度续试平均亩产156.54kg，比对照增产0.64%。两年区试共17个试验点，9个点增产8个点减产，两年平均亩产167.23kg，比对照秦优7号减产0.98%。2007—2008年生产试验，平均亩产159.63kg，比对照秦优7号减产3.58%。

2008年通过国家审定，审定意见：该品种符合国家油菜品种审定标准，通过审定。适宜在江苏省淮河以南、安徽省淮河以南、浙江省、上海市的冬油菜主产区推广种植。

14. 早杂油1号

早杂油1号属半冬性甘蓝型核不育杂交种，由马鞍山神农种业有限责任公司育成（图2-14）。品种来源：9823AB（来源于从油研7号×川油18选系的F3中发现的核不育株，是隐性核不育两用系）×R7-10（来源于从中双6号×95-66杂交后代，通过多代自交，选出的性状稳定的中熟优质油菜品系）。

该品种苗期半匍匐，茎秆多蜡粉。2008—2009年、2009—2010年两年区域试验表明，株高142cm左右；单株有效角果386个左右，每角21粒左右，千粒重4.28g左右，全生育期232d左右，比对照品种（皖油14）早熟3d左右。

2009年田间调查菌核病病指2.53（对照品种病指5.80），冻害指数3.90（对照品种2.60）；2010年经省种子管理总站接种鉴定中抗菌核病（相对抗指-0.12），冻害指数8.67（对照品种8.33）。

经农业部油料及制品质量监督检验测试中心(武汉)检验,2009年品质(样品为种子):粗脂肪44.3%,芥酸未检出,硫苷26.75μmol/g;2010年品质:粗脂肪42.89%,芥酸0.3%,硫苷24.92μmol/g(饼)。符合双低油菜标准。

在一般栽培条件下,2008—2009年度区试亩产198.1kg,较对照品种增产5.6%(显著);2009—2010年度区试亩产173.1kg,较对照品种增产16.7%(极显著)。

2010—2011年度生产试验亩产133.5kg,比对照品种增产0.01%。

2012年通过安徽省品种审定,适宜沿江地区推广。

15. 华航901

华航901由华中农业大学选育而成,品种来源:21933航天诱变(图2-14)。

图2-14　华航901油菜

该品种属甘蓝型半冬性常规品种。全生育期219d。苗期半直立,叶片裂叶型,顶叶较大,叶片长度中等,叶缘锯齿状,叶片绿色,微蜡粉,叶脉明显。花瓣黄色、长度中等,侧叠状,籽粒黑褐色。株高172.1cm,一次有效分枝数7.5个,单株有效角果数278.4

个,每角粒数20.52粒,千粒重3.93g。菌核病发病率5.51%,病指3.12,病毒病发病率1.46%,病指0.99,低抗菌核病,抗倒性强。芥酸含量0.0%,饼粕硫苷含量29.54μmol/g,含油量44.22%。

2009—2010年度参加长江中游区油菜品种区域试验,平均亩产159.6kg,比对照减产4.0%;平均亩产油量69.03kg,比对照减产1.2%。2010—2011年度续试,平均亩产177.5kg,比对照减产3.4%;平均亩产油量80.17kg,比对照减产0.5%。两年平均亩产168.5kg,比对照品种减产3.7%,两年平均亩产油量74.6kg,比对照减产0.8%。2011—2012年度生产试验,平均亩产129.9kg,比对照减产1.6%。

2012年宁波市农业技术推广总站王旭伟等与宁海县农业技术推广总站魏章焕等合作进行了油菜品种对比试验,参试品种有:华双4号、华双5号、华航901、华油杂10号、圣光95(华中农业大学),中丰油09(中国农业科学院油料作物研究所),对照品种为浙双72(浙江省农业科学院作物研究所),均为双低油菜。试验结果表明:参试各品种中,华航901综合性状表现最好,试验小区折实产为178.1kg/亩,比对照浙双72增产13.5kg/亩,且该品种株高中等,无二次有效分枝,后期抗病性较好,田间整齐度好,熟相好,较适于机械收割,可在宁波地区进一步扩大种植。

该品种于2012年通过国家审定,审定意见:该品种符合国家油菜品种审定标准,通过审定。适宜湖北、湖南、江西冬油菜区种植。

二、白菜型

(一)生态类型

长江中下游地区是我国白菜型油菜的主要产地,白菜型油菜资源丰富,浙江省的地方油菜品种基本上均属白菜类型,湖北也基本类似。“七五”期间,浙江省农业科学院蒋立希、陈蔓玲曾搜集了浙江省境内的姜黄种、诸几高子、灯笼种高脚油菜等70份白菜型油菜进行对比并聚类分析；2004 年，中国农业科学院油料作物研究所许鲲、陈碧云等曾搜集 89 份浙江省与湖北省白菜型油菜种质资源（表 2－1）进行了研究。

表 2－1　浙江省与湖北省部分白菜型油菜品种

序号	品种名称	来源	序号	品种名称	来源
1	姜黄种	浙江平湖县	27	金华土种油菜	浙江金华县
2	高棋种	浙江平湖县	28	汤溪种	浙江金华县
3	灯笼种	浙江平湖县	29	汤溪土种油菜	浙江金华县
4	吴兴土黄籽	浙江吴兴县	30	永康土种油菜	浙江永康县
5	德清金菜籽	浙江德清县	31	永康油菜	浙江永康县
6	海宁金壳种	浙江海宁县	32	衢县土种	浙江衢县
7	硖石黄籽	浙江海宁县	33	龙游土种	浙江衢县
8	海盐黄菜籽	浙江海盐县	34	兰溪土种	浙江兰溪县
9	长梗白	浙江桐乡县	35	江山本地黑籽	浙江江山县
10	油白菜	浙江余杭县	36	庆元压油菜	浙江龙泉县
11	杭州长菜	浙江杭州郊区	37	庆元本地油菜	浙江龙泉县
12	杭州黄鳝籽	浙江杭州郊区	38	龙泉小油菜	浙江龙泉县
13	杭市金黄种	浙江杭州郊区	39	龙泉土油菜	浙江龙泉县
14	杭州八月菜	浙江杭州郊区	40	龙泉黑油菜	浙江龙泉县
15	于潜土种	浙江临安县	41	景宁红黑籽	浙江遂昌县
16	寿昌土种油菜	浙江建德县	42	乐清西洋花籽	浙江乐清县
17	淳安土种	浙江淳安县	43	乐清黄华本地菜	浙江乐清县
18	绍兴白油菜	浙江绍兴县	44	乐清大种油菜	浙江乐清县
19	绍兴矮大杆	浙江绍兴县	45	乐清矮脚种 A	浙江乐清县
20	绍兴桂花油菜	浙江绍兴县	46	永加本地高油菜	浙江永嘉
21	油冬儿	浙江绍兴县	47	平阳大眼黄籽	浙江平阳县
22	绍兴拿籽油菜	浙江绍兴县	48	平阳小眼黄籽	浙江平阳县
23	诸儿土种油菜	浙江诸暨县	49	文成土种油菜	浙江文成县
24	鄞县土油菜	浙江鄞县	50	黄岩宁波种	浙江黄岩县
25	瓢儿白	浙江宁波市	51	小菱白油菜	浙江黄岩县
26	金华红籽	浙江金华县	52	三门油菜籽	浙江三门县

（续表）

序号	品种名称	来源	序号	品种名称	来源
53	鄂城白油菜	湖北鄂州市	72	钟祥本地油菜	湖北钟祥县
54	鄂城甜油菜	湖北鄂州市	73	公安黄油菜	湖北公安县
55	大悟本地油菜	湖北大悟县	74	宜昌隔油菜	湖北宜昌县
56	大悟黄籽油菜	湖北大悟县	75	宜昌本地油菜	湖北宜昌县
57	黄冈白油菜	湖北黄冈县	76	宜昌小油菜	湖北宜昌县
58	红安甜油菜	湖北红安县	77	秭归野油菜	湖北秭归县
59	黄梅苦油菜	湖北黄梅县	78	秭归白	湖北秭归县
60	麻城早熟油菜	湖北麻城县	79	远安本地油(1)	湖北远安县
61	罗田辣油菜	湖北罗田县	80	远安本地油(2)	湖北远安县
62	罗田白油菜	湖北罗田县	81	兴山油菜	湖北兴山县
63	英山本地白油菜	湖北英山县	82	兴山本地油(1)	湖北兴山县
64	阳新太菜	湖北阳新县	83	兴山本地(2)	湖北兴山县
65	斗十斤	湖北崇阳县	84	当阳本地油菜	湖北当阳县
66	北山油菜	湖北阳新县	85	白可田 12 号	湖北麻城县
67	通山本地白油菜	湖北通山县	86	畈泥本地油菜	湖北崇阳县
68	崇阳白油菜	湖北崇阳县	87	大花籽油菜	湖北崇阳县
69	崇阳本地油(1)	湖北崇阳县	88	七里苦油菜	湖北崇阳县
70	崇阳本地油(2)	湖北崇阳县	89	青菜	湖北崇阳县
71	天门大籽油菜	湖北天门县			

不同品种的白菜型油菜分属北方小油菜和南方油白菜两种，种下按生态类型分类有两种分类方法，一是同甘蓝型油菜的分类方法相同，区分为春油菜与冬油菜两类。春播油菜对温度的反应均为春性，对长日照反应敏感，但按其强弱又可分为敏感型（迟熟）和不敏感型（早熟）。冬播油菜对温度的反应有 3 种：冬性（迟）、半冬性（中）、春性（早），而对长日照的反应一般不敏感。另一种分类方法是根据主轴与分枝的着生情况划分，一般可分为以下 3 种

类型：

1. 丛生型

从生型也叫筒型或下生分枝型(图 2－15)。主要特征是冬季腋芽密集于根颈节上，幼茎粗大呈盘状。在一般条件下，基叶的腋芽多能形成分枝，因此，此类油菜第一分枝多，分枝集中着生于主茎基部，最低枝位低。分枝与主轴所成的角度为 8°～15°，果柄与花轴的角度为 5°～20°，分枝花轴为主轴，角果与花轴平行。

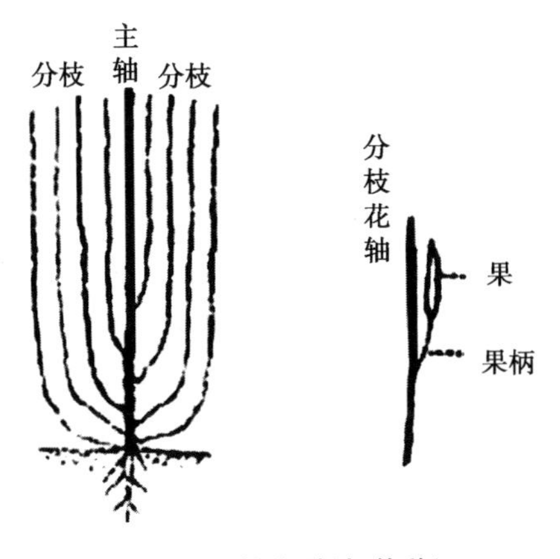

图 2－15　丛生型(灯笼种)

浙江冬季气候寒冷，低温持续期长，此类品种主薹生长缓慢，翌年暮春寒潮过后，气温骤然上升，待达到 15℃左右时，油菜生长发育加快，主薹与分枝同时集中开花，形成主轴与各分枝粗细、长短和花角数都相仿的筒状丛生株型。

2. 上生型

上生型也叫伞状株型(图 2－16)。冬季薹心粗壮，腋芽生长缓慢，密集轮生于主薹周围，幼茎较粗大，呈钝锥状。第一次分枝由茎叶的腋芽形成，着生部位高，主轴与分枝，分枝花轴与角果之间的角度比丛生型大，各为 18°～25°及 20°～40°。

从生态因子看，这类油菜的原产地冬春季温度也较低，但在 3

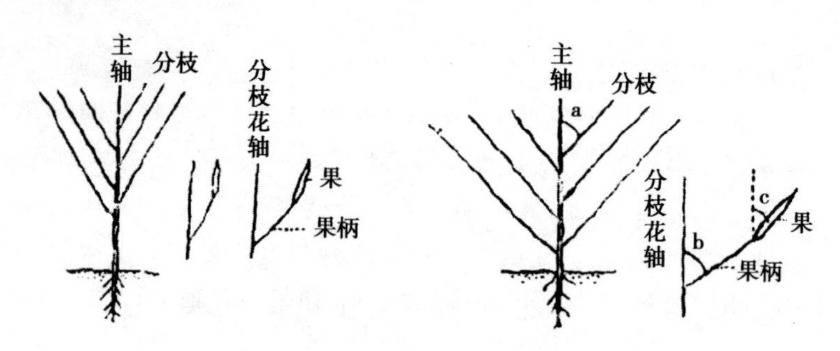

图 2-16　上生型(左，罗汉种)与散生型(右，武义油菜)

月的寒潮中，主薹花能结实。全株开花，结角数与结角率都以主轴为最多。饱籽率 85%，而终花期却有近 20%的无效花。这些表明养分分配规律的特点是有重点的分配。体内营养物质集中供给主薹与中上部分枝的优势生长，以抵御低温；而在各分枝上也是重点供给分枝基部与中部的花荚。因而抑制下部腋芽使成潜伏芽。这类品种薹枝粗壮，抗逆性强。

3. 散生型

散生型也叫扇状株型。冬季腋芽都单个地着生于主薹上，幼茎细长呈锥状，大部分分枝由茎叶腋芽形成，少数由基叶腋芽形成，枝位中等。其主轴与分枝，分枝花轴与角果之间的角发火，各为 20°～40°及 40°～60°的，是散生型；达到 40°～60°及 60°以上的，是松散生型。

从生态因子看，由于原产地冬春季温暖，油菜能不断地持续生长，抽薹开花早，但冬春季的低温仍有一定的抑制作用，使主薹与各分枝之间开花间隔拉长，所以花期长，花角数多，花轴细长而软，形成枝角匀稀，自四周松散的扇状散生株形。这类品种的主轴及上部分枝的开花数最多，结角率虽只有 54%，但饱籽率较高，为 81.9%终花后期还有 15%的结实率。

不同生态类型的白菜型油菜在不同地区有不同的生育表现，以浙江省的地方品种为例，其生育表现见表 2-2 所述。

表 2-2　各生态型白菜型油菜品种在浙江各地的生育表现

种植地点	生态类型	品种来源	播种期(日/月)	初花期	播种至开花(d)	成熟期(日/月)	全生育期(d)	第一次分枝数	全株角数	单株生产力(g)
嘉兴	丛生型	嘉兴	12/10	16/3	154	23/5	222	7.2	256.8	10.2
	上生型	杭州、宁波	育	14/3	152	18/5	217	7.3	274.6	11.9
	散生型	金华	苗	12/3	150	12/5	211	6.6	217.0	8.4
	松散生型	温、台		8/3	146	10/5	209	5.0	190.2	8.0
杭州	丛生型		5/11	21/3	136	16/5	192	11.7	445.05	
	上生型		直	17/3	132	13/5	189	10.8	506.9	—
	散生型		播	12/3	127	9/5	185	9.4	408.2	
	松散生型			6/3	121	6/5	182			
温州	丛生型	嘉兴	10/11	10/3	120	6/5	177	10.3	304.6	13.8
	上生型	杭州、宁波	直	4/3	114	2/5	173	8.2	286.0	14.1
	散生型	金华	播	4/3	114	26/4	167	7.4	293.3	12.7
	松散生型	温、台		18/2	100	20/4	161	8.8	337.1	14.3

(二)典型品种介绍

1. 皖油 11 号

由安徽省农业科学院作物研究所育成,1996 年通过安徽省审定。属冬性中熟品种,全生育期 170～205d。株高 120cm 左右,株型紧凑,单株分枝 7～8 个,单株结角 150～310 个,每角 21 粒。角果细长且上冲,不易裂角。种子偏小,千粒重 2.75～3.3g。苗期生长稳健,开盘度小,叶色深绿,有刺毛;年后长势旺,春发快,基叶繁茂,冬春季抗寒性强。为双低油菜品种,芥酸含量在 1%以下,硫苷含量 27.56～30.46μmol/g,含油量 41.1%～42.3%。1992—1993 年两年白菜型油菜区域试验平均亩产 103kg,居参试的 7 个品系之首,比对照武油 1 号增产 4.8%,最高试点亩产 190kg。1994 年白菜型油菜生产试验平均亩产 85kg,比对照武油 1 号增产 18.5%。该品种耐病抗倒,丰产性好,品质优良,油饲兼用,适宜在沿淮、淮北及三熟制地区种植。播种适期宽,高产栽培应适期早播。

2. 白杂1号

是我国第一个白菜型油菜三系杂交品种，由西北农林科技大学农学院经济作物研究所利用自育的白菜型细胞质雄性不育系58A和恢复系143C杂交配组而成，2003年通过陕西省农作物品种审定。全生育期270d左右。叶色深绿，叶面密被刺毛，深裂叶，生长势较强。返青后生长较快，开花较晚，但花期集中，灌浆速度快。成熟时株高120～150cm，单株一次有效分枝10～12个，每角18～20粒，单株角果300～350个，千粒重2.6～3.0g。区域试验亩产120kg左右，高产示范田最高亩产达266.5kg。

3. 皖油7号

安徽省池州地区农业科学研究所从贵池市农家品种佳山油菜中系统选育而成的白菜型油菜品种，1992年通过安徽省审定。该品种半冬性，全生育期190d左右。株型紧凑，茎秆绿色或微紫，较粗壮。株高130cm左右，一次有效分枝6～8个，单株有效角果200个以上，每角21粒，千粒重2.07g，含油量41.8%，抗倒，耐湿性强，菌核病和病毒病发生较轻，耐寒性强。区域试验亩产100kg左右，适于沿江及江淮丘陵之间种植。

4. 皖油13号

安徽省池州地区农业科学研究所与安徽省种子公司以武油1号选系与托品杂交选育而成，1996年通过安徽省审定。属半冬性品种，全生育期191d左右。株型较紧凑，株高132cm左右。单株有效角果数300个左右，角粒数22～23粒，籽粒黑褐色，千粒重3.1g。抗倒伏，抗寒性中等。籽粒含油量41.9%。大田生产一般亩产100kg左右。适宜安徽省沿江及江淮地区种植。沿江地区10月下旬播种，江淮地区10月中下旬播种，每亩留苗2万～3万株。

5. 雅油1号

四川省雅安地区农业科学研究所育成，1996年由安顺地区农业科学研究所引进，1997年在白菜型油菜品种生产示范中亩产104kg，比对照贵白1号增产8.1%。1998年在白菜型油菜规范化高产栽培技术研究中亩产113.8kg。该品种株高130cm，一次分枝6～7个，单株有效角果270～290个，每角20粒左右，千粒重3g左右，以黄籽粒为主，具有早熟、耐瘠、耐寒等优点在，适于中下等肥力旱地栽种。

三、芥菜型

（一）生态类型

芥菜型油菜可分为两个种，即细叶芥油菜、大叶芥油菜。种下按其生态类型划分，也与甘蓝型油菜相同，区分为春油菜与冬油菜两类。春播油菜对温度的反应均为春性，对长日照反应敏感，但按其强弱又可分为敏感型（迟熟）和不敏感型（早熟）。冬播油菜对温度的反应有3种：冬性（迟）、半冬性（中）、春性（早），而对长日照的反应一般不敏感。

（二）典型品种介绍

1. 晋油8号

晋油8号是山西省农业科学院高寒区作物研究所通过杂交定向选育而成的新品种。该品种生育期95d左右，属中晚熟品种。根为直根系，幼苗绿色，叶片宽大，具耐旱特性；花亮黄色，角果为两室，长3.5～5.0cm。籽粒黄色。株高183cm，第一有效分枝数为7.8个，第二有效分枝数为21.4个，主花序有效长度50.2cm，全株有效角果数为752.6个，每角粒数21.5粒，单株生产力为25.7g，千粒重3.3g，抗旱、耐虫害、抗倒、耐瘠、丰产性好。

晋油8号经农业部油料及制品质量监督检验测试中心检验：粗脂肪含量42.22%，油酸22.2%，亚油酸19.7%，亚麻酸12.6%，芥酸2.4%，硫苷107.8μmol/g。42.22%的含油量是一个突破，粗脂肪含量比普通种提高了20.6%。芥酸含量远远低于低芥酸一级种和二级种指标，国家油菜品种分级标准规定：高油品种含油量＞35.0%；芥酸含量一级种＜3%，二级种＜5%。品质测试表明:晋油 8 号是一个高含油量、低芥酸的芥菜型春油菜优良新品种。

2008—2009 年,连续两年参加山西省直接生产试验,两年 11 个试点全部增产(其中一点因灾无产量结果),平均折合产量 1 364kg/hm²,比对照晋油 6 号增产 10.8%。

2010 年通过山西省品种审定委员会审定,审定认为:在山西省、内蒙古、河北省、陕西省、甘肃等地无霜期在 95d 以上的地区都可以种植。

2. 晋油 12 号

晋油 12 号由山西省农业科学院高寒区作物研究所选育而成。该品种生育期 95d 左右,比对照晋油 6 号晚 8.8d,属中晚熟品种;根为直根系;子叶肾形;幼茎浅绿色;有刺毛;幼苗绿色,匙形;长柄叶;有蜡粉;叶缘缺刻状;叶片宽大,呈椭圆形;薹茎浓绿色;具耐旱特性。株高 182.4cm;第一有效分枝数为 7.4 个,第二有效分枝数为 22.7 个;花亮黄色;角果为两室;长 6.3cm;籽粒黄色。主花序有效长度 53.3cm;全株有效角果数为 773.4 个;每角粒数 21.8 粒,黄色;圆形;单株生产力为 26.7g;千粒重 3.2g;该品种抗旱、耐虫害、抗倒、耐瘠、丰产性好。经农业部油料及制品质量监督检验测试中心检验:该品种粗脂肪含量 39.34%,油酸 21.3%,亚油酸 21.8%,芥酸 24.4%,硫苷 245.53μmol/g,是一个高油品种。

2008—2009 年,该品种在 13 个参试品系中居第一位,产量分别为 2 157～2 362.5kg/hm² 比对照高油 9 号分别增产 6.9%、10.2%,平均增产 8.6%。2012—2013 年,参加山西省直接生产试验,10 个试点全部增产,平均产量为 2 086.5kg/hm²,比对照晋油 6 号增产 12.4%。

经省组织的区试生产试验证明,在晋北和晋西北无霜期在 95d 以上的地区都可以种植。

第三章　油菜的生长发育规律与环境条件要求

第一节　油菜的生长发育规律及要求

一、油菜的生长阶段

油菜的生长阶段，也叫生育时期。油菜从播种到成熟，可分为5个阶段，即发芽出苗期、苗期、蕾薹期、开花期和角果成熟期。不同阶段的生育特性有明显差异。

1. 发芽出苗期

油菜从播种到出苗，这一阶段称为发芽出苗期。油菜种子无休眠期，具有发芽能力的种子遇适宜的条件就会发芽。发芽时先从脐部突出白色的幼根，随即胚轴伸长，胚茎向上延伸呈弯曲状；幼根上密生根毛，种壳脱落后幼茎伸出上面，变为直立，2片子叶由黄色转为绿色，同时逐渐展开为水平状，即为出苗。

2. 苗期

油菜从出苗后子叶平展至现蕾这段时间称苗期。苗期约占全生育期的1/2左右。油菜苗期的长短，与品种特殊性和播种期有密切关系。长江、黄淮流域甘蓝型冬油菜品种于9月下旬播种，5～7d出苗，到次年2月中旬现蕾，苗期长达130～140d。不同品种，由于发育特点和对温度的要求不同，苗期的长短也不同。一般冬性强的品种苗期最长，春性强的品种苗期最短，半冬性品种介于二者之间。此外，同一品种播种期不同，苗期的长短也不一样，即早播的苗期长，迟播的苗期短。在一定的播种期范围内，早播与迟播影响苗期的长短,但对积温的要求有着相对的稳定性。

油菜苗期通常分为苗前期和苗后期。苗前期主要生长叶片、根系等营养器官,苗后期开始生殖生长(花芽分化),但仍以营养生长为主。苗前期和苗后期的区分,以冬性品种最明显,其次为半冬性品种,春性品种一般不明显。

油菜苗期是营养器官的生长时期,其生长中心是叶片和根系,其次是花芽分化,花芽分化从苗后期开始。

(1)苗期叶的生长。苗前期地上部分的生长特点是不断分化和发展叶片,每隔一定时间生出一片新叶,通过叶片的光合作用,构建油菜植株躯体。油菜新叶的生长,在5叶期以前,一般第一、第二和第四片真叶的出叶速度较快,第三和第五片真叶的出叶速度较慢。每生出一张叶片需要的时间,会因气候、品种等条件不同而有很大的差异。据观测,油菜的出叶速度与气温呈正相关,在10～17℃,温度越高出叶速度越快。

在不同类型的品种中,一般白菜型油菜的出叶速度和叶面积增长都较甘蓝型油菜快,春性品种叶面积的增长比冬性品种快。在较低温度条件下,春性强的品种出叶速度较冬性品种快。

在不同季节中,则以春季出叶速度最快,苗前期次之,苗后期最慢。在一定范围内,促进油菜苗期叶片的生长和发展是极为重要的。因此,在苗前期特别是5叶期以前,应加强间苗、中耕、追肥等田间管理,培育壮苗,使幼苗很好地长叶发棵,促进主茎生长点最大限度地多分化叶芽,增加总叶数,适当加大单叶面积。在苗后期,应冬施腊肥,春后早追茎肥以减轻冻害,防止叶片脱肥"红叶",促进花蕾快分化,并使地上营养体继续有所发展,达到壮苗越冬,也为春季各器官的生长发育打下良好的基础。

(2)苗期根的生长。油菜苗期地下部分的生长,主要是形成和发展根系。当油菜种子吸足水分以后,首先长出胚根,胚根突破种皮下扎,形成幼根。当幼根长至2cm时,出现根毛,根毛行使吸收水分和养分的功能;随着幼根继续生长下扎,形成主根。当地上部出现第一片真叶时，主根上开始出现侧根，以后在侧根上再生长细根，形成整个根系。油菜苗期根的生长以下扎为主。北方小油菜根系较深，当地上部具有 8 片叶时，主根入土可深达 2m 以上，但稻茬油菜根系较浅。

油菜根系的生长，是和地上部的生长密切相关的。苗前期由于幼苗营养体小，生长慢，叶片的光合产物少，根系获得有机养料也少，其生长也慢。入冬后，气温降至 3℃ 以下时，根系除向纵横伸长外，在油菜子叶节下与根系相接处的根颈会逐渐膨大。根颈是冬季贮藏养分的场所，其粗细是安全越冬的重要指标。凡适时播种，营养状况好，间、定苗及时，育苗移栽质量好，根颈较粗，幼苗壮，越冬死亡率低。苗后期，根系随着植株体内养分贮藏的增加和地上部分生长速度的加快，根系生长也相应加速。

(3)苗期的花芽分化。油菜花芽分化一般是从苗后期开始。因此，要适时地增施有机肥、增施磷肥以促进花芽分化。从花芽开始分化至现蕾所分化的花芽为有效花芽，以后分化的花芽多为无效花芽。

3. 蕾薹期

油菜从现蕾至初花期间称为蕾薹期。现蕾的形态特点是心叶尖而上举，揭开 1～2 片心叶，即能看到明显的花蕾。

抽薹时，主茎一般高达 10cm，如中熟甘蓝型品种，一般 2 月中、下旬现蕾，3 月下旬初花，蕾薹期 1 个月。不同品种类型，进入抽薹期的时间有早有迟，一般白菜型油菜品种先现蕾后抽薹，甘蓝型和芥菜型大多数品种现蕾和抽薹同时进行。蕾薹期的生育特点是营养生长和生殖生长并进，而且都很旺盛，但营养生长仍占优势。营养生长的主要表现是主茎伸长，分枝形成，叶面积增大；生殖生长主要表现为花序及花芽的分化形成。

油菜花芽分化是从苗期开始的，其分化顺序：在同一植株上一般是先主序后分枝，先第一次分枝，后第二次分枝。在一个花序上则由下而上地分化。但主茎各分枝的花芽分化并非完全由上而下依次进行，而是主茎的上部分枝和下部分枝花芽分化早，中部分枝花芽分化迟。以后随着中部分枝花芽分化的加速，上部和下部分枝的花芽分化逐渐向中部分枝汇合，变成上部分枝的花芽分化领先。油菜花芽分化以始花期最快，始花以前特别是蕾薹期，其分化速度是上升的。始花以后，至盛花期其分化速度显著下降，以后稳定于一定水平。

油菜花芽分化开始的迟早，分化速度的快慢，与品种和栽培条件有关。一般地说，白菜型品种分化早而快，甘蓝型品种分化晚而慢。同是甘蓝型品种，春性、早熟品种分化早，冬性、迟熟品种分化迟。土壤肥力状况、温度高低也会影响花芽分化的早晚和速度。肥田、菜苗壮，花芽分化早而快；薄地、菜苗瘦弱，花芽分化迟而慢。冬季温暖，花芽分化速度也相应加快，且分化多。在栽培上要根据不同的品种特性，适期播种，培育壮苗，使花芽早分化，快分化，多分化，多结角。争取多增加现蕾以前的花蕾分化，对于提高油菜单株有效花芽率和结角数具有重要作用。

油菜蕾薹期的长短受品种、温度和播种期等因素的影响。春性品种蕾薹期较长，半冬性品种次之，冬性品种较短。在冬油菜产区，当春季气温稳定在4℃以上时，现蕾后即可抽薹，但生长缓慢，持续时间长。当平均气温上升到6℃以上，土壤湿度在40%～50%时，蕾薹即能迅速生长，现蕾至抽薹的时间相应缩短。

蕾薹期是植株营养生长与生殖生长的旺盛时期，营养生长占优势。除继续生长叶片和增加叶面积外，主茎不断延伸；各组叶片也相继出现。主茎叶片由长变短，由大变小，植株由莲座形逐渐变成宝塔形。蕾薹初期主花序的伸长较缓慢，主茎延伸较快；中后期主花序延伸加快，主茎迅速延伸。延伸的长度，一般晚熟品种长，早熟品种短。蕾薹期的后期，第一次分枝也陆续出现。至初花前10d左右，主茎叶片全都出齐。在各组叶中，主要功能叶是短柄叶，短柄叶的主要功能在于供给植株茎、分枝、花序以及根和根茎养料，并对后期的角果和种子等器官的生长和发育产生一定的影响。因此，短柄叶是一组上下兼顾，使根、叶并茂的功能叶，所谓春发稳长，主要是促进或控制这组叶片的生长。但是，短柄叶生长发育的好坏，与冬前的苗壮与否有密切关系。为此，必须在搞好冬前培育壮苗的基础上抓好春发，才能充分发挥短柄叶的作用。

4. 开花期

油菜从开始开花到谢花期间为开花期。油菜开花期的长短与品种类型、气温高低、空气湿度等都有密切关系。中、晚熟品种开花期较集中，一般 30d 左右，早熟品种开花期长，约为中、晚熟品种的 1.5～2 倍。影响油菜开花的因素以温度最为显著。据观察，开花适宜温度在 14～18℃，气温在 10℃以下，开花数量显著减少，5℃以下一般不开花；短时间的低温对正开的花朵和幼角果不会有严重影响，但在低温持续较长的情况下，会出现不结实现象。油菜开花在一天中以 8:00—12:00时开花较多，其开花数一般达 80%以上，尤以 10:00—11:00开花最盛。在晴、阴和多云 3 种不同天气下，10:00—11:00开花数平均达 53.6%。

油菜开花以后，通过昆虫、风力传播花粉，花粉粒黏附在柱头上，约经 45min 以后即发芽，生出花粉管，沿花柱逐渐伸向子房。授粉后 18～24h，即可受精形成结合子。油菜的授粉方式，白菜型油菜为异花授粉，自然异交率达 75%～85%，自交结实率低；芥菜型和甘蓝型油菜为常异交植物，自然异交率在 10%以下，自交结实率高达 80%～90%。根据上述油菜的开花特点，在油菜品种保存、繁殖和杂交过程中，都必须严格隔离保纯，单独收藏，防止生物学混杂和机械混杂，以保持和提高良种的种性。

5. 角果发育期

油菜谢花至成熟期间为角果发育期。通过这一阶段形成角果和种子，并在种子中不断地累积油分。

油菜角果、种子发育特点是按照开花的顺序依次发育的。开花后 4d，有效角果长度和宽度分别较开花时增长 0.5 倍和 0.4 倍，开花后 18d 角果达到最大长度，开花后 25d 角果达到最大宽度。但是角果的生长速度,在不同类型和不同品种间,同一品种的不同植株和同一植株的不同角果之间,均有一定的差异。油菜种子随着干物质的增长,油分也逐步形成和累积。据研究,油分的累积是通过3个方面的物质转化来完成的,即来自植株茎、叶等器官贮藏的养料占40%,来自绿色茎秆皮的光合产物约占20%,来自角果皮的光合产物约占40%。这3个方面的养料,均由蔗糖或淀粉等形成并转化成可溶性单糖,然后通过脂肪酶的作用而形成油分。随着种子的充实饱满,油分累积的基本定型,角果皮颜色由绿色到黄绿,最后成为黄色,此时籽粒即已成熟。

油菜角果、种子发育期的长短与品种、气候条件都有较大的关系。据观察,甘蓝型早、中熟品种,其角果发育期22~35d,一般为27d左右;白菜型中、晚熟品种为23~31d,一般为25d左右。此外,在角果发育期,如天气晴朗,日照充足,气温在20℃以上,土壤湿度在70%以上时,只要植株不衰,角果皮的光合作用强,角果发育就快,且发育较好,种子油分也高,成熟期适宜。相反,如天气阴雨连绵,而施用的氮肥又较多,油菜就会贪青迟熟,造成籽粒不饱满,产量和含油量都下降。因此,在后期的田间管理上,既要防止油菜植株因脱肥而早衰,又要防止氮肥施用过量,还要防止人、畜对油菜植株的损伤,从而有效地提高油菜种子的产量和含油量。

二、油菜的生长特性

1. 感温性

油菜分布广,同时在生育特性上又有冬油菜和春油菜之别,因而形成了油菜不同种群或品种在其发育过程中对温度的不同要求,一般可分为3个类型。

(1)冬性类型。一般为中晚熟或晚熟品种,其显著特点是春化阶段对低温要求特别严格,一般需要0~5℃温度条件下,经过20~40d才能进行花芽分化和现蕾、开花。将其春播或夏播,未经过低温,当年不能现蕾开花。

(2)半冬性类型。一般为早中熟品种或中熟品种。这类品种通过春化阶段也要求一定的低温，但不太严格。一般在3～15℃的条件下，20d左右可通过春化阶段。这类品种不宜播种过早，否则，年前可现蕾抽薹，出现早花现象，造成减产。

(3)春性类型。一般为极早熟或早熟品种。这类品种生育期短，春化阶段要求的温度较高，在15～18℃的条件下，15～20d即可通过春化阶段。

2. 感光性

油菜发育要求长光照，通过光照阶段时同样要求一定的外界环境条件，如温度、养分、水分等，但光照条件是主导因素，满足长光照才能现蕾。据1955年中国农业科学院植物生理研究所研究，油菜要求的长光照每天光照14h即能满足要求。每天光照在14h以上，能提早现蕾开花；反之，光照时间在12h以下，则不能正常现蕾开花。不同类型品种的感光性有较大差异，春油菜比冬性品种对光照敏感。

了解油菜的感光性和感温性，对油菜的引种、品种布局、播期确定及栽培管理上都具有重要意义。在引种上，北方冬油菜冬性强；引到南方，会引起迟熟，花芽甚至不能分化；南方冬油菜春性强，引至北方春播可出现早薹早花。因此，一般冬油菜在温度相近地区引种。冬油菜作为春播时，只要满足低温要求，亦可正常生长成熟。在品种布局和播期确定上，长江淮河流域一年两熟地区可选用冬性、半冬性品种，并适当早播；一年三熟区要求迟播早收，则宜选用半冬性和偏春性品种；北方冬油菜区则宜选用冬性品种。在栽培管理上，春性强的品种发育快，要早间定苗、早施肥、早管理，延长营养生长期；冬性强的品种发育慢，应促进冬发，并在春后加强中后期管理，以获高产。

三、油菜生长发育的条件要求

(一)种子萌发出苗

种子萌发出苗必须具备3个条件。

1. 水分

种子萌发首先要吸足水分,吸水量达到本身干重的50%以上才能发芽。要满足这一要求,播种时就必须确保土壤持水量达到60%左右。如墒情不好,种子吸水不足,就不能促使种子酶的正常活动和满足幼苗生长对水分的需求,就会影响正常发芽出苗。

2. 氧气

种子萌发时需吸收大量氧气,才能在脂肪酶的作用下,使脂肪水解为甘油和游离脂肪酸,进而分解为糖类,提供发芽出苗所需要的能量物质。因此,雨水量大、土壤水分过多、或土壤板结,都会造成氧气缺乏,影响油菜种子发芽出苗。

3. 温度

水分、氧气满足后,种子能否出苗及出苗快慢,主要是受温度的影响。试验与生产证明,当日平均温度在5℃以下时,发芽很慢,由播种到出苗需20d。出苗温度一般以日平均温度16～25℃最为适宜,3～5d即可出苗。所以在浙江省与宁波地区,当冬油菜秋播太迟时,往往会因温度过低,发芽出苗很慢。

此外,油菜种子小,顶土力弱,播种深浅和表土细碎程度,也会影响出苗。因此,油菜播种前必须精细整地,使表土细碎,疏松湿润。同时要选择适宜的播种期,使种子处于最适宜的温度、水分、氧气、土壤等环境条件,以达到迅速出苗和全苗的目的。

(二)苗期

1. 温度

油菜苗期生长的适宜温度是10～20℃。在土壤水分等条件满足时,温度适宜则根系、叶片生长快,发育好,花芽分化多,为后期生长发育和产量形成打下良好基础。而冬油菜苗期正处于越冬期,常遇低温冻害。油菜受冻害程度决定于品种的抗冻性、冬前发育状况及寒流的强弱。一般短期0℃以下低温不致遭受冻害。

2. 光照

光照对苗期养分的合成积累，叶片、根系的生长及花芽分化的早晚都具有重要影响。

3. 水分

苗期营养体小，气温低，耗水量小，但缺水会影响幼苗发育，且会降低抗逆性。苗期适宜的土壤湿度一般不应低于田间最大持水量的70%。

4. 其他栽培条件

其他栽培条件对出苗也有影响，尤其是土壤条件对根系发育程度影响很大。因此，苗期要保证耕翻整地质量，使土壤疏松深厚；同时要保持土壤湿润，增施有机肥料，早施苗肥，提高地温，以促进苗期发育。

(三)蕾薹期

1. 温度

冬油菜一般在开春气温稳定在5℃以上时现蕾，而后抽薹。若气温在10～12℃以上可迅速抽薹。抽薹太快，组织疏松易弯。同时，蕾薹期油菜抗寒力减弱，遇0℃以下低温则易受冻。幼蕾最易受冻，其次是嫩薹部易受冻。

2. 光照

蕾薹期需要充足的光照，通风透光好可促进有效分枝的形成和光合产物的积累。因此，适宜的密度是保证蕾薹期光照充足的重要条件。

3. 水分

蕾薹期营养体生长快，叶面积扩大，蒸腾作用增强，必须保证水分需求。一般此期土壤水分以达到田间最大持水量的80%左右为宜。

(四)开花期

油菜开花、授粉、受精状况主要与温、湿度有关。油菜开花的适温范围一般在12～20℃，以14～18℃最为适宜。当气温降到

10℃以下时，每日开花数减少；5℃以下，便不能正常开花。如果气温过高，达25℃以上时，虽然可以开花，但开花结实不良，角粒数减少，且易脱落。空气湿度对开花授粉受精影响很大，一般以相对湿度70%～80%较为适宜。相对湿度高于90%时，对授粉不利，结角率明显下降。而低于50%时，同样不利授粉、受精。北方冬油菜区开花期往往少雨、干旱、空气干燥，对油菜开花、授粉、受精不利，应注意灌水防旱，调节小气候，使环境条件有利开花、授粉、受精。长江以南地区春季往往多雨，花期应注意做好排水防湿工作。

油菜进入开花以后，营养生长逐渐减弱，生殖生长则逐渐开始加强。这时植株已达最大高度，分枝基本完成，叶片由下而上逐渐开始枯黄脱落，体内的糖分大部分集中于长花和长角。因此，这段时间是充实高产架子的重要时期，也是需水需肥的高峰期。尤其此期对磷、硼等最为敏感，供给充足的养分是夺取丰产的重要措施。同时也应注意防止植株疯长及病害发生蔓延。

(五)角果发育成熟期

1. 温度

油菜角果发育对温度要求严格，角果发育最适温度为15～20℃。温度过高，造成高温逼熟，灌浆时间短，千粒重低；温度过低也不利于光合产物的合成与运转；昼夜温差大，有利于物质和油分积累。

2. 光照

充足的光照也有利于后期光合作用和干物质、油分的积累。如我国西北、西南高原地区由于油菜角果发育期光照强，昼夜温差大，千粒重和含油量一般要比江淮流域高。

3. 湿度

油菜角果发育要求土壤湿度不能太低，土壤含水量以不低于田间最大持水量的60%为宜。虽然此期植株代谢逐渐衰退，蒸腾作用减弱，但此时角果皮仍在旺盛地进行光合作用，茎叶、果皮的光合产物大量向种子运转，缺水导致秕粒增加，含油量降低。但水分过多，又易造成贪青晚熟。渍水更会导致根系早衰。

此外，氮肥过多或因各种原因造成倒伏会导致油菜晚熟或发生病害，也会形成较多的阴角和秕粒。因此，在角果成熟期的田间管理上，既要防止植株脱肥早衰，又要防止施氮过多和人畜践踏，才能有效地提高产量和品质。

第二节　双低油菜的品质影响因素

一、混杂

（一）生物学混杂

生物学混杂对双低油菜的品质影响很大。白菜型油菜为异花授粉作物，天然异交率为75%～85%，自交结实率很低，仅为5%～35%。芥菜型油菜和甘蓝型油菜为常异花粉作物，在自然情况下，自花授粉占优势。芥菜型油菜的自然异交率一般在10%以下，但有的品种也高达40%。甘蓝型油菜自然异交率为10%～30%，自交结实率为40%～80%。无（低）芥酸油菜品种当与高芥酸油菜品种混种串粉杂交后，杂交当代种子的芥酸含量即上升为两亲本芥酸含量的平均值。假如连续几个世代串粉杂交，杂交的种子多了，则芥酸含量就会大大升高。

（二）机械混杂

油菜种子小，容易造成机械混杂。一是在良种繁育过程中，播种、清沟、收获、脱粒、晒种、清选、贮藏、调运等环节中，如果不按规程操作或控制不严格，就很易造成混杂；二是不同品种相邻种植，由于自然落粒、鸟兽携带或收获时人为混杂；三是优质油菜种子价格要高些，见利忘义的人把普通油菜种子混进去，以假乱真，牟取非法收入；四是防除稆生油菜（又称积生油菜）混杂。

二、环境

(一)生态条件

生态条件对油菜籽含油量的影响是较大的。中国农业科学院油料作物研究所(以下简称中油所)对中国18个省(区)油菜籽的含油量进行了分析比较。结果表明,各省(区)油菜籽平均含油量的差异很大,其中,以西藏自治区(以下简称西藏)的油菜籽含油量最高,新疆维吾尔自治区(以下简称新疆)的油菜籽含油量最低。从不同地区来看,西南地区、西北地区比华中地区的含油量高。华中地区的油菜籽含油量,不论在全国或长江流域都是最低的,这主要与生态条件有关,特别是与油菜籽形成阶段的生态条件有密切关系。

1. 温度和光照

生态条件中对油菜籽含油量影响最大的是温度和光照。研究结果表明,油菜成熟期间气温在20℃以上,光照充足,昼夜温差大,土壤湿度适宜,有利于油分累积。温度过高,日照太短,都不利于油分累积,从而使含油量降低。中国西藏海拔在4 000m以上,年日照时数长达3 000h以上,比同纬度其他地区高1倍,因此,西藏是中国油菜籽含油量最高的地区。新疆虽然海拔较高,但在油菜籽形成阶段正遇高温干旱天气,油菜蒸腾作用旺盛,又没有水分补充,使脂肪合成受到影响,因此含油量降低。

2. 纬度和海拔高度

(1)不同纬度对油菜籽含油量的影响。据中油所研究表明,纬度越高,油菜籽含油量越高;纬度越低,其含油量越低。

(2)海拔高度的影响。据研究,同一油菜品种在不同海拔高度地点种植,其籽粒含油量有随海拔增高而增加的趋势。海拔高度与籽粒含油量的关系呈显著正相关,相关系数为0.79。

三、栽培措施(条件)

栽培措施(条件)对油菜籽含油量的影响主要表现如下。

（一）土壤条件

双低油菜根系发达，主根长，主根长入土深，分布广，要求土层深厚、疏松、肥沃，土壤酸碱度酸性或中性或微碱性。可通过深耕加深耕层，增加土壤孔隙度，打破犁底层，使油菜根系充分向纵深发展，扩大根系对土壤养分水分的吸收范围，促进植株发育；同时，土层深厚还有利于蓄水保墒，减轻病虫草害。精细整地，土壤细碎平实，利于油菜种子出苗和幼苗发育。

据研究，甘蓝型油菜 4 个品种种植在重黏土上比种植在石灰性轻壤质黄土上含油量平均高 1.35%。每亩产量也提高 10.5kg（增产 21.4%）。其他一些研究也指出，油菜栽培在中性和微碱性土壤上，籽粒含油量较高；在酸性土壤上次之；在碱性土壤上含油量最低。

（二）养分条件

油菜吸肥力强，但养分还田多，所吸收的 80% 以上养分以落叶、落花、残茬和饼粕形式还田。优质油菜在营养生理上又具有对氮、钾需要量大，对磷、硼反应敏感的特点。据测定，油菜单产每亩 100～150kg，每生产 100kg 菜籽需吸收氮 9～11kg，磷 3～3.9kg，钾 8.5～12.8kg。氮、磷、钾比例为 1∶0.5∶1。

1. 双低油菜对营养元素的需求

（1）对氮元素的需求。氮元素是油菜植株器官中蛋白质、叶绿素及许多重要有机物的组成成分，在生理代谢中非常重要。缺氮轻则会造成植株矮小，叶色淡；重则变红，枯焦，茎秆纤细，分枝小，根系不发达，花芽分化慢而少，蕾花量少，角、粒发育不良，产量较低。氮元素的多少对油菜籽品质有一定的影响。角果成熟期氮元素供应过多，会使菜籽中蛋白质含量增加，而含油量随之降低。同时油分中的芥酸、亚麻酸、亚油酸含量有微量增加，而种子中硫苷含量有所降低。

（2）对磷元素的需求。油菜对磷元素的需求量比氮元素少，但优质油菜对磷反应敏感。磷元素在油菜生理代谢中非常重要，是核蛋白、磷脂、核酸及活性酶的组成部分，决定着细胞的增殖和生长发育。缺磷时油菜植株根系明显减少，吸收力弱；叶片、分枝发育和花芽分化受阻，光合作用减弱，角果、角粒数少，产量低。在北方冬油菜区，磷元素供应充足还可提高油菜营养体内可溶性糖含量，增加细胞液浓度，增强细胞壁弹性，减少胞间水分蒸腾，提高油菜越冬抗寒能力。

(3)对钾元素的需求。钾元素以离子状态参与体内碳水化合物的代谢和运转。缺钾时植株生育迟缓，下部叶的叶尖枯焦；茎秆细弱易倒，分枝小，千粒重低。

(4)对硼及其他微量元素的需求。油菜需要的微量元素较多，但对生长发育影响较大的是硼元素，其次是钼、锰、锌等元素。硼不是油菜植株体内有机物的组成部分，但在油菜的生理代谢中具有重要作用。它可以增强油菜的抗旱、抗寒和耐病性，增强油菜茎叶等器官的光合作用，促进碳水化合物的正常运转。硼元素供应充足时，生长发育健壮，生机旺盛，根系发达，枝叶繁茂，角果满尖，籽粒饱满。当土壤中可溶性硼的含量小于 0.4mg/kg 时，油菜会出现植株矮化，生长萎缩，花而不实等许多症状。土壤缺硼特别严重时，幼苗会出现叶柄开裂，根颈部龟裂，叶片出现紫斑，褪绿白化，甚至大量死亡。尽管其他营养元素充足，仍不能消除上述症状。优质油菜和杂交油菜对硼反应更为敏感。

引起油菜缺硼的原因：一是土壤硼素流失。质地较轻的土壤，因其保水保肥性能差，可溶性硼大量流失。二是石灰性土壤普遍缺硼。pH 值在 4.7～6.7 范围内的偏酸性土壤有效态硼含量较高；pH 值在 7.8～8.1 的碱性土壤有效态硼含量下降。三是由于油菜体内的多种营养元素比例失调。如偏施氮肥、钾肥会引起钾硼拮抗而出现缺硼现象。四是晚熟品种生育期长，比早熟品种容易出现缺硼现象。

微量元素钼、锰、铜、锌等对油菜的生长发育都有重要作用。如促进光合作用，加速新陈代谢，增强抗旱抗寒能力等。因此，在缺乏这些元素的土壤上，施用相应微肥，可以起到良好的增产作用。

2. 不同生育时期的养分吸收量

油菜吸收氮、磷、钾的数量与生长发育速度密切相关，生长发育旺盛时期吸收数量相应增多；生长发育减慢，吸收量相应减少。

油菜不同生育时期对养分的需求比例不同，油菜对氮元素的吸收量，在抽薹前约占 45%，抽薹至终花前占 45%，角果发育期约 10%。因此，氮元素的吸收高峰主要在苗期和薹花期。氮元素在苗期主要促进根系的发育和地上部叶片的形成，对增加冬前叶片数，扩大叶面积，制造和积累较多的光合产物，培育壮苗有重要作用。薹花期生育两旺，生长量大，消耗养分多。此期氮元素供应状况对单株分枝数、角果数影响很大。油菜全生育期均不可缺磷，但以苗期对磷最为敏感，对磷的吸收利用率较高。钾在油菜生长发育过程中主要是活化酶系统，对茎叶的形成和光合作用的进行，以及碳水化合物的运输有重要作用。钾元素以苗期和薹花期吸收比例较高，叶片和茎叶中含量较多。

3. 施肥种类和数量对油菜籽含油量的影响

西南农业大学农学与生命科学学院、重庆市作物品质改良重点实验室、西南农业大学资源环境学院武杰、李宝珍、谌利、唐章林、王正银、李加纳等于 2004 年采用 4 因素正交旋转组合设计对甘蓝型黄籽油菜进行了不同施肥种类与不同用肥量的试验，试验结果表明：①氮、磷、钾、硼养分因子对含油量均有较大影响；②施用氮肥有降低含油量的作用，而钾、硼肥有提高含油量的作用，增施磷肥在一定范围内可以提高含油量，超出适宜范围则会降低含油量；③氮、磷肥水平之间有较显著的互作效应，并与土壤本身的理化性状有关。

内蒙古农业大学农学院李得宙等（2005）进行了不同施肥水平对双低油菜产量和含油率的影响试验，试验结果见下表。

表　不同氮、磷、钾施用量对油菜产量、含油率、产油率的影响

区号	施肥量($kg/667m^2$)			产量($kg/667m^2$)	含油率(%)	产油量($kg/667m^2$)
	尿素	三料磷	硫酸钾			
1	22.83	19.57	30	189.48	42.75	81
2	22.83	19.57	10	170.78	42.70	72.92
3	22.83	6.52	30	200.43	42.67	85.52
4	22.83	6.52	10	200.79	42.49	85.32
5	7.61	19.57	30	166.97	44.49	74.28
6	7.61	19.57	10	152.10	44.11	67.09
7	7.61	6.52	30	150.65	44.31	66.75
8	7.61	6.52	10	148.54	43.96	65.3
9	2.39	13.04	20	180.05	45.19	81.36
10	28.04	13.04	20	222.54	42.72	95.07
11	15.22	2.17	20	190.19	43.31	82.37
12	15.22	23.91	20	186.29	43.74	81.48
13	15.22	13.04	3.33	157.80	43.45	68.56
14	15.22	13.04	36.67	183.73	43.96	80.77
15	15.22	13.04	20	183.21	43.85	80.34
16	15.22	13.04	20	199.84	43.55	87.03
17	15.22	13.04	20	200.39	43.42	87.01
18	15.22	13.04	20	201.11	43.62	87.72
19	15.22	13.04	20	198.87	43.59	86.69
20	15.22	13.04	20	199.46	43.83	87.42

引自：李得宙，张胜，张润生等．不同施肥水平对双低油菜产量和含油率的影响．内蒙古农业大学学报，2005年第1期

结果表明：①施用氮肥是油菜增产的关键措施之一，其产量随着氮肥用量（在36.7kg/亩以下）的增加而提高，其含油率随着氮肥用量的增加而降低；②施用磷肥有利于油菜含油率的提高，并在一定的范围内随着磷肥用量的增加而提高；③在一定范围内，施用钾肥有利于油菜产量和含油率的提高。

中国农业科学院油料作物研究所于1988年和1989年也曾进

行了施肥水平对双低油菜籽生化品质影响的试验，当时的结果表明，施肥水平对普通油菜（双高油菜）中油 821 的含油量影响较小。对单、双低油菜的含油量影响则较大。中油低芥 2 号在中、高肥条件下含油量分别降低 1.66%和 2.55%（差异极显著）。中双 2 号分别降低 1.08%和 2.29%（差异显著和极显著）。另据中油所试验，单、双低油菜对氮元素的吸收同化能力较弱，施氮量过高既影响产量，又影响含油量，故对双低油菜施氮量不宜过高。

第四章 油菜无公害栽培技术

第一节 油菜高产形成原理

一、合理的产量结构是高产的前提

油菜的产量是由单位面积上的角果数、每角果籽粒数和千粒重3个因素组成的，其中角果粒数和千粒重受品种遗传性的限制较大，变异幅度相对较少。单位面积上的角果数，则受施肥多少、种植密度、管理好坏等栽培措施的影响较大，是形成不同产量水平的决定性因素，是高产栽培的主攻内容。由于三要素是产量的整体结构，强调角数，决不意味着可以忽视其他因素的配合作用。因此，在创高产中，必须求得3个产量因素都达到最佳的发展水平。在较低生产水平时，因为角数不足，粒数较少，粒重较低，产量不高，在这种情况下，只要提高某一个因素，就能使产量提高，但在产量进一步提高时，则需要两个因素或三个因素共同提高。由于三个产量因素是在同一有机体内顺序形成和相依存在的，既有紧密联系、互相统一的一面；又有相互制约、相互排斥和矛盾的一面。必须合理配置形成优化组合，才能取得产量的最大值。油菜的高产结构，就是在较高的栽培水平下，能取得三要素的协调发展，在合理的构架格局中，通过三要素的有序形成和平衡发展，取得最高的产量。在一株油菜上，三要素的形成，是角数在前，粒数随后，粒重最后。在三要素中，粒数和粒重是共存于一个角果内呈负相关的两个变数，活动方向相反。即粒数多，千粒重轻；粒数少千粒重高。因此，由粒数和千粒重共同形成的角果粒重，具有相对稳定的特性。所以,也可以将构成油菜产量的三个要素简化为:单位面积角果数和角果粒重两个因素,以单位面积上最大数量的角果数和最大平均角果粒重作为追求高产的目标。这样易于形成比较清晰的概念。即在油菜生长的前期(抽薹以前)抓增角措施,中期(初花以后)抓保角措施,后期(终花以后)抓角果平衡增大措施。最后达到角果数多、大小均匀、平均角粒重大的理想境界。当然,油菜产量的形成是一个复杂的演进过程,它既受品种遗传性的限制,又受栽培环境的巨大影响,最终产量是所有栽培措施综合作用的结果。高产栽培,要求生产者根据品种特性和油菜自身的生育规律,结合当地气候、土壤和所能提供的条件,围绕前期增角,中期保角,后期增角粒重这个中心,配置优化措施。

二、适量的营养生长是高产的基础

营养生长是油菜产量形成的基础,也是形成合理产量结构和调节生殖发育的调控杠杆。适量的营养生长和科学的营养调控,是油菜高产栽培的关键技术,需要自始至终认真把握,务求恰如其分。营养生长不足,将对尔后一系列的生殖生长造成滚动式的不利影响。产量形成必然受到限制,首先受限制的是角果。群体角果不足,随后粒数,粒重的形成也要相继受到限制。营养生长过旺,又会干扰生殖生长的稳健发展,使产量形成不能协调。虽能形成较多的角果,而阴角多,小角多,粒重轻,同样难以取得高产。只有适量的营养生长,可以维护生殖生长的有序进行,形成合理的产量结构,从而形成较高的产量。简言之,即以足够的生物产量和较大的经济系数取得较高的经济产量。

油菜苗期的营养生长状况,是决定角数多少的重要因素。因为苗期是决定花芽分化多少的重要时期。苗前期的营养生长优劣,与花芽分化早迟有关,壮苗花芽分化早,弱苗花芽分化迟。营养生长健壮可以延长花芽分化的时间,有利于增加花芽数,在适期范围内早分化的油菜有效花芽多,迟分化的有效花芽少。苗前期还是决定主茎总叶数多少的时期,主茎叶数多,分枝就多,花芽数也多。甘蓝型优质油菜更为敏感,由于苗期营养生长状况不同,主茎叶数可相差3～5片,对叶面积系数的提高有决定性的影响。苗后期是有效花芽和每角胚珠数的奠基期,这时期营养生长的好坏同主茎上部腋芽分化的花芽多少和进程的快慢密切相关。

营养生长好的主茎上部腋芽分化优势领先,中部低谷填平补齐较快,可为增叶增枝增角打好基础。也为每角胚珠的分化提供必备条件。营养生长不足,上部腋芽分化优势不强,中部低谷更不易填平补齐,一次分枝生长的基础差,将来枝少角少,每角胚珠也难全部发育成粒。苗期以后补肥也不能挽回。因此,油菜栽培都把施足苗肥,狠抓壮苗视为创高产的关键。反之,营养生长过旺时,主茎下部腋芽的花芽分化高峰不易减退,在一般情况下,这部分腋芽抽生后多不能结角,而成无效枝,反而影响群体的正常生长。蕾薹期是有效蕾发育巩固的时期,此期如遇营养不良或环境不适,花蕾生长减慢甚至脱落。这一阶段又是有效蕾的胚囊和花粉粒发育的主要时期,营养生长不良,囊胚易于退化,直接减少粒数。花期是角果和粒数的主要决定期,花期生理代谢旺盛,需要营养物质更多,营养生长不良,首先将使竞争能力较差的幼蕾大量退化或脱落,其次是正开的花朵受精受阻,幼果不能充分发育而脱落或成为阴角,角数减少。同时子房内受精的胚珠也会因营养不足而发生胚胎滞育而成为空瘪粒,减少粒数因素。相反,营养生长过旺,将限制生殖生长,光合产物大量消耗在营养生长上,不能充分供应生殖生长的需要,也会造成阴角和空瘪粒。终花期是粒重的主要决定期,此后的营养来源是角果皮的光合产物,而角果皮的生长主要靠花期营养器官提供光合物质。角多才有大面积的角果皮,角果配置适当才能提高角果皮的光合效率,才能形成大的平均粒重,形成角多粒重的高产结构。综上所述:油菜从苗期开始直至成熟,都应是在适量的营养生长同相应的生殖生长协调发展的过程之中渡过。没有足够的营养生长基础,生殖生长就不能正常而充分地进行。没有适当的营养生长的调节,就不能形成合理的产量结构，就难以形成高产。

三、建立高光效的合理群体是高产的保证

油菜单位面积产量与总角果数相关性最大，而单位面积上的总角果数决定于结角层厚度和结角层密度。结角层厚度主要受两个因素影响：一是有效分枝着生位置，二是主轴、一次分枝的长度，这与品种特性和越冬前后生长发育条件有关。

在不出现早花的前提下，花芽分化越早，主轴和各一次分枝上花芽分化越多，主轴和一次分枝越长，结角层厚度越厚，经济产量越高。结角层密度主要受三个因素影响：一是群体中主轴及一、二次分枝的数量，二是分枝生长整齐度，三是分枝上角果着生密度。油菜群体主轴及一、二次分枝的数量主要受种植密度与越冬前后栽培条件所决定，与光能利用、肥水供应等多因素有关。试验分析证明：在一定的产量水平范围内，通过增加种植密度而增加结角层密度是一项增产措施；但油菜 3 000kg/hm^2 以上的产量水平，增加密度的增产效应就不显著了。因为，以增加种植密度增加结角层密度是有限度的；增加密度会影响个体发育，减少茎粗，降低株高和分枝长度，降低结角层厚度；增加种植密度与增加结角层厚度相矛盾，而且还容易造成倒伏。

油菜花序是无限花序，只要条件良好可以持续延长。分枝的数量和长度都以维管束发育为基础。群体茎粗越大，维管束数则越多，增大茎粗就能增加分枝的长度和数量。超高产栽培要适当降低密度，为个体发育创造良好的空间条件，越冬前充分促进营养生长，增加茎粗，建立起发达的维管束，使油菜群体具备与较强的光合生产能力相一致的输导能力，增加株高，增加 1、2 次分枝数和分枝长度，从而提高群体质量。同时也增加了茎内的贮藏养分，为壮苗越冬创造条件。通过增加一、二次分枝数达到保持和适当提高总茎枝数的目的，确保或略提高结角层密度；通过增加株高和分枝长度，大幅度提高结角层厚度，延长开花结角期，从而增加单位面积有效总角果数，大幅度增加单位面积产量。而且，分枝相互支

撑和茎粗增加也有效地防止了倒伏。

高光效的油菜群体对确保高产至关重要。油菜生物产量的60%以上是在始花以后积累起来的,其中的一半最后转化为种子产量。可以说油菜产量的高低,最终决定于始花至成熟阶段的光合生产量。如何提高花角期的群体光合生产量,除通过前期的营养生长打好基础和不断改善生产条件外,主要是要培育形成高光效的群体结构,并使花角期与最适气候同步。其中充足的阳光,较大的昼夜温差,对种子形成和提高含油量,以及对双键脂肪酸的积累都是有益的。油菜的光合器官为叶、茎和角果,抽薹以前叶是唯一的光合器官,蕾薹期到开花期为叶+茎,角果发育形成期为叶+茎+角果,至角果发育中期以后转为茎+角果。由于茎在后两个时期所占表面积的比例均较小,所以,也可以说油菜的光合产物主要是由叶和角果完成的。因此,提高叶和角果的光合生产力,是增加干物质积累和提高产量的关键。据测定油菜叶面积指数每提高0.1,亩产量可增加5.6kg,光能利用率每提高0.1%,亩产量可增加23.2kg。在栽培上以最大叶面积指数出现在开花期,并持续一段时间后再缓慢下降最为理想。据多年调查,在春油菜区亩产菜籽200~250kg的田块,最大叶面积指数多在5~5.5的范围内。在此范围以下,随着叶面积指数的提高,产量也相应增加,超过一定范围,产量反而下降。油菜从始花期开始,出现角果并迅速发育,角果数日益增多,角果皮面积日益增大,逐渐在冠层之最上层形成结角层。它包含着油菜所有的产量构成因素,可以直接反映产量的高低。成为油菜后期产量形成的最主要的物质生源,一般可提供产量的50%以上,高的达70%。对产量起着决定性的作用。据朱耕如研究,油菜结角层中各部位角果的生产力是不均等的。上中层的角果光合效率最高,经济性状最好;越向下越差。表现为上中层饱角率高,阴角率低,大角多,小角少。每角粒数多,千粒重大,每角粒重高。表明在结角层中,角果生产力的差异,不仅受开花先后的影响,更主要的受结角层中光照的影响。结角层下层光照极弱，角果皮的光合效率极低，由于角果皮是该角籽粒干物质的主要来源，下层角果只能结几粒种子。所以，过多的角果数，对提高产量不仅无益，反而有害。

四、优化油菜群体质量进行超高产栽培的思路

任何生物产品的形成都必须根据生物的生理特性，建立在能量和物质的基础上，较高的能量、物质投入才有可能获得较高产量。

油菜优化群体质量超高产栽培，首先以提高对太阳能的利用率为基本出发点，适期早播早栽，充分利用越冬前光能和空间，形成“秋发”“冬壮”苗，增加群体茎粗，为增加分枝数和分枝长度，增加有效花芽数，奠定基础；建立开花后高光合生产能力的结角层四维时空结构，增加结角层厚度和密度，延长结角层高效光合生产时间，确保活熟到老。在当地茬口条件和油菜生理特性允许的条件下，适期早播早栽提高了油菜对冬前太阳能的利用率，而且，也为开花后以两种不同的方式提高对太阳能的利用率创造了条件；不用投资，为油菜大幅度增产提供了能量来源。

其次，从合理调控种植密度、适期调控肥料投入着手，通过调节个体与群体的矛盾，加大基肥、苗肥的比例，从物质条件上确保“秋发”与“冬壮”，增加茎粗，增加 1 次分枝数，提高油菜的群体质量。开春后清理三沟、摘除老叶，重视薹肥的施用，实现稳发，提高结角层厚度和密度，增加每亩总角数；重视初花期施用淋花肥和防病治虫，加强田间管理，确保活熟到老，增加粒重，实现高产更高产。

现阶段，油菜优化群体质量进行超高产栽培的基本思路是：选择适宜的双低油菜品种，根据油菜生理特性，充分利用太阳能，适当增加前期物质投入，促进秋发、冬壮、春稳、活熟。关键措施是：在现行推广的全程机械化配套栽培技术框架基础上，适期早播早栽，适当提高群体密度，适量减少肥料总量投入，稳定个体有效分枝数，适时开展机械化收获。

第二节　双低油菜直播栽培全程机械化作业技术

一、双低油菜直播栽培全程机械化的必要性

（一）经济、社会、生态效益明显

油菜是主要冬季油料作物，菜籽油是主要食用油之一。20 世纪 90 年代时，浙江全省和宁波地区种植面积较大。然而由于种植制度的改变和种植效益的低下，90 年代后栽培面积大幅度减少。尤其在稻田推行一年种植一季单季晚稻后，稻田油菜种植面积更是直线下降，冬春空闲季节长达 6 个月之多，资源浪费严重，土地利用率和产出率很低。而传统的手工方式种植油菜，花工多，劳动强度大，收种麻烦，生产效率低，经济效益差，根本无法进行规模化种植。要改变这种状况，唯一出路是推行油菜栽培全程化生产，以机械代替人力。

发展双低油菜直播栽培全程机械化具有明显的经济效益、社会效益和生态效益。

1. 机械化改变了传统的种植模式

油菜直播从播种到收获，全程实行机械化作业，以机械代替人工，完全改变了传统的种植模式，省工、省力、省本，经济效益显著。

2. 机械化提高了稻田的复种指数

传统的手工方式种植油菜，花工多，劳动强度大，收种麻烦，生产率低，经济效益低下，农民在稻田种植油菜的积极性不高，长期推行一年只种植一季单季晚稻，冬春空闲季节长达 6 个月之多，土地资源浪费。实现油菜直播机械化后，改油菜育苗移栽为免耕直播，大大减少了栽培用工，缓解了农村用工矛盾，特别是季节性用工矛盾，减轻了劳动强度，提高了生产效率，调动了农民种植稻田油菜的积极性，从而大大提出高了稻田的复种指数。同时，由于大面积油菜种植，在油菜花开的季节，可以形成美丽的景观，推动了旅游产业，特别是农家乐旅游的发展，提高了农民的收入，社会效

益明显。

3. 机械化改善了生态环境和土壤条件

机械化收获油菜时,将油菜秸秆切断打碎,拖拉机在旋耕操作时,可以直接将切断的油菜秸秆旋耕在田里,从而不仅大大降低了秸秆还田的费用,促使油菜秸秆还田比例大大增加,而且减少了秸秆焚烧产生的空气污染,改善了生态环境。同时也改善了稻田土壤条件,使土壤有机质含量逐年提高,通透性增加,生态效益明显。

4. 机械化有利于规模种植

油菜栽培推行免耕直播和全程机械作业,由于省工省力、高产高效,为油菜发展规模种植创造了条件。目前单户最大规模种植可以由原来的5亩左右扩大到100～200亩,使油菜栽培面积实现了恢复性的增长。

案例:

宁波市大面积推广油菜直播、机械收获取得了明显的经济、社会和生态效益:

1. 增产

据统计,2011年、2012年宁波市推广适宜机械收获双低油菜面积6.03万亩(表4-1),平均单产139.8kg/亩计算,实收油菜籽764.71万kg,产量明显提高。

2. 增油

据调查,浙油50含油率49.56%,比浙双72油菜提高6%,按总产油菜籽581.57万kg计算,可多出油34.89万kg。以纯菜籽油20元/kg成本价计,单位新增纯收益167.8元/亩。宁波市2011—2012年累计推广适宜机收油菜6.03万亩,共增收益1 011.83万元。

3. 省工、节本

据调查,通过机械收割,每亩因减少人工投入,平均节本201.96元/亩。实施秸秆还田和水旱轮种,提高土壤活性,减少后作肥料和病虫害防治投入，两者合计减少农药、肥料用量15%～20%。

4. 增收

(1)增产增收。按新增单位产量9.4kg/亩，油菜籽5.2元/kg市场价计算，每亩可增纯收益48.88元/亩，全市6.03万亩油菜因增产，共增效益294.75万元。

(2)增油增收。全市6.03万亩油菜，共增油34.89万kg。以20元/kg成本价计，单位新增纯收益167.8元/亩。宁波市2011年、2012年因增油共增收益1 011.83万元。

(3)减支增收。按机械收割减少农药、肥料用量15%～20%计算，平均每亩可减少成本支出38.9元/亩，两年推广油菜机械收获面积3.62万亩(表4-1)共减支增收731.1万元。并减少了后季作物肥药投入节本效益234.57万元。

综上所列，累计新增创造经济效益见表4-2。

表4-1 宁波市适宜机收油菜和机械收获推广调查表

(单位:万亩)

县(市)区	适宜机收油菜推广面积			机械收获面积		
	小计	2011年	2012年	小计	2011年	2012年
江北区	0.03	0.01	0.02	0.03	0.01	0.02
余姚市	3.82	1.1	2.72	1.57	0.55	1.02
慈溪市	1.78	0.58	1.2	1.69	0.56	1.13
象山县	0.4	0.2	0.2	0.33	0.17	0.16
合　计	6.03	1.89	4.14	3.62	1.29	2.33

表 4－2　宁波市适宜机收油菜和机械收获推广经济效益汇总表

项　目	单位	年　份				
		2011 年		2012 年		合计
规模(包括机收部分)	万亩	1.89	1.29	4.14	2.33	9.65
新增纯收益	元	255.58	201.96	255.58	201.96	235.47
总经济效益	万元	483.05	260.53	1 058.10	470.57	2 272.25

在实现油菜收获机械化的条件下，推行油菜、水稻一年两熟栽培模式，亩产油菜籽 150kg，种植油菜的单季晚稻按平均亩产 596kg(可比一年仅种植一季单季晚稻的增产 47.3kg)。每亩直接增收 290 元左右。

(二)加速油菜全程机械化是生产发展的需要

油菜种植主要方式分为直播、移栽，因此，油菜栽培全程机械化也有直播栽培机械化和移栽机械化之别。目前，我国北方春油菜 100%直播，其中有人工直播，也有机械直播；长江流域油菜 50%直播，50%移栽。其中移栽基本全是人工作业，机械直播占全部直播面积的 20%。

据测算，在油菜生产成本中活劳动力成本占 60%～70%，一亩地耗 10 个工，而世界油菜主要生产国加拿大、德国等国家由于油菜生产全面实现了机械化生产，一亩地只需耗工 0.5 个，生产成本远远低于我国。

目前我国油菜种植机械化水平还很低，据南京农业机械化研究所调查统计，2012 年全国油菜机械化直播面积 658.5 万亩，占油菜种植总面积的 6.5%；油菜机械移栽面积 41.57 万亩，占油菜种植总面积的 0.4%；油菜机械化联合收割面积为 666.07 万亩，占油菜收获面积的 6.7%；油菜机械化分段收获面积为 469.05 万亩，占油菜种植面积的 4.7%。油菜总体机械化水平低下，而且发展速度缓慢。

我国是世界油菜籽生产大国，总产量占世界总产量的 1/3 左右，油菜栽培机械化水平低下与菜籽油生产大国极不相适应，急需迎头赶上，已成当务之急。

二、油菜直播机械化机具配备

油菜直播全程机械化主要包括大田耕整、开沟、种植、植保、排灌、收获、秸秆还田、烘干等机械作业内容，其中种植和收获机械化技术为主体技术，耕整、开沟、排灌等环节采用的机具和技术与其他作物的相应环节基本相同。

(一)耕整、开沟机械

用于耕整的主要有各种铧式犁、旋耕机及与之配套的各种型号的大、中、小型拖拉机或手扶拖拉机。开沟机的型号也很多，有中、小型四轮拖拉机驱动的开沟机，也有用手扶拖拉机驱动的前置式或后置式开沟机。例如江苏清淮机械有限公司生产的1KJ－35开沟机(配套动力：36.75～55.13kW；开沟深度：30～40cm；开沟机构：盘式)；浙江安吉三宜机械有限公司生产的IKL－22开沟机(配套动力：工农12型手扶拖拉机；刀盘转速：189r/min；沟宽：18～22cm；沟深：20cm)。利用开沟机械开沟，1台开沟机一般1个工作日可作业40～50亩。

(二)直播机

晚稻收获后用开沟机械开好畦沟，在免耕情况下利用播种机械进行散直播油菜籽的机械，可用普通机动喷雾器或专用的油菜精量播种机进行操作，如2BFQ－6型油菜精量联合直播机，该机以正、负气压组合式油菜精量排种技术为核心，可实现油菜籽的精量播种，能一次完成开沟、破茬、种床旋耕、精量播种、施肥、覆土等作业。田间试验表明，该机作业通过性能好，合格指数为90%以上、重播指数和漏播指数低于4%；种子用量减少50%，节约肥量55%，种子无破损；也可以对三麦条播机进行改造，6行改3行隔行封堵实施种肥混播。此外，还有其他一些型号的播种机如4BGY－6A油菜直播机、2BF－4Y油菜穴播机等可供选用。利用直播机播种油菜，可明显提高作业效率。1台机器1个工作日可分别播种50亩和60亩以上。

(三)机械化收获机具

1. 分段收获

油菜分段收获是一种先割晒再捡拾、脱粒的收获方式,是针对我国南方稻—油或棉—油两熟或三熟轮作地区,由于茬口紧张,油菜生产仍以育苗移栽为主(占 60%以上)的现实情况而研究开发的新技术。该技术具有损失率低、适收期长、腾地时间早的优点。特别对于株型大、分枝多、成熟度一致性差、一次收获难度大的育苗移栽油菜以及直播高产油菜具有很好的适应性,仍能做到高效低损失收获。采用该技术可增加实际收获产量 5%以上,综合经济效益增加 10 元/亩以上。

分段收获前,需对割台主割刀位置、拨禾轮位置和转速、脱粒滚筒转速、清选风量、清选筛等部件和部位适当调整。分段收获作业质量要求:总损失率≤6.5%,含杂率≤5%,破碎率≤0.5%;割晒铺放整齐,便于捡拾作业。

2. 联合收获

油菜机械化联合收获是将收割、脱粒、清选等几个作业环节一次性完成的收获方式,即在油菜的角果成熟后期,用油菜专用联合收割机或经改装的稻麦联合收割机一次性完成所有的收获作业环节。该技术收获作业过程简捷,效率高,有利于抢农时,还可比人工收获降低菜籽损失 20%以上。

联合收割机在收割油菜时,对机具要做一些调整,要适当将清选风扇的风速调低,防止吹走籽粒,脱粒滚筒与凹板之间的间隙要适当调小。按逆时针回旋方向进行收割;遇到油菜稍倒伏时,最好逆倒伏方向收割,以免增加油菜籽的损失。

联合收割作业质量要求:总损失率≤8%、破碎率≤0.5%、含杂率≤55%;割茬高度符合当地农艺要求,一般应在 10～30cm 范围内。

提倡秸秆粉碎还田。油菜联合收割机应加装秸秆粉碎装置,油菜秸秆的切碎长度应≤10cm,便于秸秆的还田,避免秸秆焚烧造成的环境污染等问题。

（四）田间其他作业机具

基本上与其他作物的作业机具相同。但在烘干油菜籽时，烘干温度最高不得超过 75℃。

三、双低油菜直播全程机械化作业农艺配套技术

（一）选择适宜的直播品种

免耕直播油菜能否夺得高产，品种是关键，选用的品种在品质上要求菜油中芥酸含量低于 5%、菜籽饼中硫代葡萄糖苷含量低于 30μmol/g（国际双低油菜标准）；在性状上要求生育期适中、分枝紧凑、主花序角果数多、成熟期集中、荚果爆裂程度低，而且产量潜力大、抗自然灾害能力强，品种综合性状符合要求。

选择品种必须认真进行考查了解。

1. 了解品种特性，选择优质双低油菜品种

根据育种方式不同，习惯将油菜品种分为常规油菜、杂交油菜两大类型。杂交油菜由于存在杂种优势，产量相对较高，但因其制种困难，种子价格相对较贵。

根据油菜品种的品质特性，油菜又可分为优质油菜与普通油菜两大类。优质油菜是指双低油菜，即按农业部发布的低芥酸低硫苷油菜种子行业标准规定：优质杂交油菜种子芥酸含量不得高于 2.00%，亲本硫苷含量平均值不得超过 30.00μmol/g，F_2 代的硫苷含量不得超过 40.00μmol/g。优质常规油菜品种良种芥酸含量不得高于 1.00%，硫苷含量不得超过 30.00μmol/g。优质油菜不仅其菜油品质好，且其饼粕可直接用于饲料，其菜薹可做蔬菜，其直接经济效益与综合效益显著高于普通油菜。目前，宁波市推广的油菜品种主要为优质油菜品种。

根据农业行业标准规定：杂交油菜种子纯度应不低于 85.0%，净度不低于 97.0%，发芽率不低于 80%，水分不高于 9.0%。常规油菜品种良种纯度不低于 95.0%，净度不低于 98%，发芽率不低于 90%，水分不高于 9.0%。在市场上进行种子选择

的时候，可参照此标准排除假种子与不合格种子。

2. 选用经过当地试种且表现优良的油菜品种

气候、土壤和栽培习惯不同，农作物品种表现可产生较大的差异，因此，在进行品种选择时应选择经当地农业主管部门试验示范，表现良好的已审定的主推品种，特别是在当地高产创建中表现优异的品种。

3. 根据耕作制度与播种方式选择适宜品种

慈溪、余姚棉地移栽油菜或稻油两熟制移栽油菜宜选择耐肥、耐稀植、株型高大、单株产量潜力较大、抗倒性好的品种。秋发栽培宜选用冬性、半冬性的中晚熟油菜品种。稻油两熟直播油菜可选用产量潜力较大的中熟或中晚熟品种。稻稻油三熟制地区或在适宜播种期内茬口偏晚的直播油菜，则宜选用迟播早发、冬前不早薹、春后花期整齐的早熟或早中熟油菜品种。但应注意，早熟油菜品种不宜播种过早，否则会导致早薹早花，易受冻害影响产量。稻田套直播（谷林套播）宜选用耐迟播、耐荫蔽、株型紧凑、耐密植、抗病、抗倒的品种。机播机收则宜选择株高适宜、株型紧凑、耐迟播、耐密植、抗倒性好、抗裂角等特性的品种。城市近郊“一菜两用”栽培，则宜选择秋季长势旺、起薹早、薹粗壮，打薹后基部萌发分枝能力较强的品种。

4. 根据品种的抗逆性进行品种选择

某一病害发生严重的地区应选用对该病害抗（耐）性较强的品种，如在常年菌核病发生较重的低洼、潮湿地块，不宜种植对菌核病抗性较差的品种。在土壤严重缺硼，或易发生缺硼现象的旱坡地不宜种植对硼敏感的油菜品种。常年易干旱地区则宜选用耐旱性较强的品种。3—4 月油菜花角期，有的地方寒潮频繁，并伴随不同程度的大风大雨，常常导致油菜倒伏，因此，该地区油菜品种的选择则应把抗倒性强作为主要选择指标之一。棉茬油菜田间肥力水平高，宜选择耐肥抗倒品种。常年易发生冻害的地区及高寒山区，应选择耐寒性较强的品种。

5. 进行品种选择时还应注意的其他问题

(1)理性地看待广告宣传中的产量数据。

(2)到当地农技站或正规的种子销售部门购买种子,来源不清的种子不买。

(3)索取并妥善保存购种发票,一旦出现种子质量问题可作为索赔的依据。

(4)注意检查种子包装上所标示的内容,确保买到自己所需的合格种子。

(5)注意良种与良法配套。

案例:

宁波市于2011—2012年期间,进行了适宜机械收获的双低油菜新品种引进及配套技术研究(以下简称“配套研究”),引进浙江省农业科学院育成的“浙油18”、“浙油28”、“浙油50”和中国农业科学院油料作物研究所“中双11”等适宜机收油菜新品种,以浙双72为对照,在宁波江北、慈溪、象山和余姚等土壤肥力中等水稻田,进行品种对比试验,考查了品种特征、特性观察,分析了这些品种的经济性状及其对机械收割的适应性。试验结果如下。

1. 品种特性考查

(1)浙油18。该品种由浙江省农业科学院作物与核技术利用研究所选育,2006年通过浙江省农作物品种审定委员会审定。属早中熟甘蓝型油菜。浙油18幼苗直立,叶色绿,植株高大,株型紧凑,分枝节位高,抗倒性强。有效分枝位低,单株角果数多,荚果长,种子粗,黑色圆形。该品种抗旱、抗寒性强,较抗菌核病和病毒病。经农业部油料及制品质量监督检验测试中心检测,含油量42.8%,油酸含量高达69.2%,芥酸含量0.11%,饼粕硫苷含量22.3μmol/g。全生育期226.0d,比对照浙双72提早1.3d。

(2)浙油28。属中熟半冬性甘蓝型常规油菜品种。抗倒性较强。经农业部油料及制品质量监督检验测试中心检测,含油量44.26%,芥酸含量0.2%,饼粕硫苷含量21.04μmol/g。

(3)中双11。系中国农业科学院油料作物研究所育成,属半冬性甘蓝型常规油菜品种。抗裂荚性较好,抗倒性较强,低抗菌核病。经农业部油料及制品质量监督检验中心测试,含油量49.04%,芥酸含0.0%,饼粕硫苷含量18.84μmol/g。

(4)浙油50。该品种是浙江省农科院作物与核技术利用研究选育,属中熟半冬性甘蓝型常规油菜品种。2006年通过浙江省农作物品种审定委员会审定。该品种熟期适中,全生育期227.4d。株型较紧凑,茎秆粗壮、抗倒性好,丰产性好。株高157.2cm,有效分枝位39.8cm,一次有效分枝数10.4个,二次有效分枝数8.5个;叶片较大,主花序有效长度55.7cm,单株有效角果数481.8个,每角粒数21.9粒,千粒重4.3g。品种经农业部油料及制品质量监督检验测试中心检测,含油量49.56%,芥酸含量0.05%,饼粕硫苷含量26.0μmol/g。经浙江省农业科学院植物保护与微生物研究所抗性鉴定,菌核病和病毒病抗性与对照相仿。

(5)对照品种浙双72。该品种是浙江省农业科学院作物所育成的低芥酸、低硫苷、高含油量甘蓝型半冬性偏春性杂交双低油菜品种,具有产量高、品质优、抗性好、适应性广等显著特点,2001年4月通过浙江省农作物品种审定委员会审定。2011—2012年种植面积占全市油菜总面积59.4%。"浙双72"苗期生长旺盛,叶色嫩绿,薹茎粗壮。株高170～180cm,一次分枝9个左右,单株角果400个左右,每角20粒,种子黑褐色,千粒重4g。全生育期235d,比92-13系迟熟2d左右。该品种为"双低"油菜,芥酸含量3.2%,硫苷含量33.1μmol/g,含油量40%以上。浙双72田间表现耐肥抗倒,耐湿抗病,综合性状优良。经农业部油料及制品质量检测中心检测结果,其含油量43.5%,芥酸含量0.67%,饼粕硫苷含量22.73μmol/g。

2. 试验经过

选用5个品种设置为5个处理:浙油18、浙油28号、浙油50、中双11、浙双72(CK)。品比试验田块畦宽2.5m,沟宽0.3m,沟深0.3m。小区面积0.1(2.8m×24m)亩,随机区组,3次重复,四周设置保护行。11月5日直接撒播,每小区播种量30g。开沟播种前每亩撒施过磷酸钙30kg、尿素10kg、氯化钾7.5kg,3叶期亩撒施尿素7kg,薹高5cm左右时撒施尿素10kg,其他栽培管理与常规相同。于油菜成熟期考查经济性状,人工收割,摊晒脱粒,单收单晒单独称重。5月29日统一机收调查实割产量。

3. 试验结果

试验结果见表4-3、表4-4。

表4-3　2011—2012年油菜品比试验生育进程考查表

品种	播种期(月/日)	出苗期(月/日)	五叶期(月/日)	现蕾期(月/日)	抽薹期(月/日)	初花期(月/日)	终花期(月/日)	成熟期(月/日)
浙油18	11/5	11/12	1/5	2/15	2/20	3/26	4/17	5/23
中双11	11/5	11/12	1/5	2/20	2/25	3/28	4/19	5/26
浙油28	11/5	11/12	1/5	2/23	3/1	3/28	4/20	5/25
浙油50	11/5	11/12	1/5	2/15	2/25	3/29	4/20	5/27
浙双72(CK)	11/5	11/11	1/5	2/20	2/26	3/27	4/20	5/25

表4-4　2011—2012年油菜品比试验经济性状及产量表

品种	生育期(d)	株高(cm)	单株角果数	每角粒数	千粒重(g)	实割产量(kg)	增幅(%)
浙油18	199	142	106.8	22.2	3.8	139.1	6.67
中双11	202	136	101.4	23.5	3.9	135.3	3.76
浙油28	201	138	99.4	23.8	3.8	129	−1.07
浙油50	203	133	117	22.3	3.9	139.8	7.21
浙双72(CK)	201	144	102	22.6	3.7	130.4	—

由表4-3、表4-4可知:

(1)生育期表现。浙油18生育期较早,抽薹最早,成熟期5月23日,为参试品种中最早成熟;浙油50成熟期较迟,为5月27

日，比对照迟 2d。

(2)经济性状表现。株高浙双 72 最高，为 144cm，其次浙油 18 为 142cm；浙油 50 为 133cm，在参试品种中表现最低，具有较好的抗倒性。产量调查，除浙油 28 比对照浙双 72 减产外，其他品种实割产量均表现不同程度增产，浙油 50、浙油 18、中双 11 均比对照增产，其中浙油 50 增产幅度最高。

通过品种对比试验，宁波市选出了浙油 50、浙油 18、中双 11 等 3 个品种为今后宁波市适宜机械收获的推荐品种。

(二)选茬与整地

1. 选茬

油菜对前茬作物的要求一般不严格，麦、豆类作物都适宜作它的前茬。但它不宜在同一块土地上进行连作，也不宜在种过其他十字花科作物的土地上连作或轮作。否则易发生病虫害，影响产量。

在选择前作时，还要考虑前作生育期与直播油菜的搭配。如宁波市近年来，广泛种植甬优 12 水稻品种，该品种生育期较长，不适宜与直播搭配。为确保油菜能在 11 月初播种，并有条件地提早到 10 月下旬播种，应选用甬优 538、甬优 15 等品种与之搭配，也可选用前作为水稻制种田等作为直播油菜的前茬。

2. 整地

油菜种子很小，幼芽顶土力较弱。又是直根系作物，须很多，分布广。因此，播种要选择深厚疏松的土壤，以满足其根系发育的需要。如果整地粗糙，土块大，缝隙多，土壤水分缺乏，则播种后有相当一部分种子不能出苗，即便出苗也难以很好生长。

计划种油菜的地块，应及时整地作畦，如前作旱茬田，播种前要清理田间杂草残茬，可适当耕翻松土。耕翻松土好处很多，它可以改良土壤结构，使土层疏松，雨水下渗，增强土壤蓄水保墒能力；同时还可以改善土壤的通气性，使土温升高，利于土壤微生物的繁殖，加快有机物质的分解，使土壤逐渐熟化，把死土变为活土；深耕后，油菜的根系处在疏松、深厚、湿润的环境中，能充分生长发育。旱茬田耕地后，还应根据土壤墒情和天气情况，播前适度灌水。如前作为稻茬田，在水稻搁田前开好沟，便于灌排。天气干旱时在水稻腾茬前8～10d灌一次跑马水。如遇雨水过多，要及时开沟降湿，为适墒播种创造条件。

3. 统筹肥料安排，施足基肥

直播油菜应减少施肥总量，早施、轻追苗肥、薹肥。基肥应以氮肥、硼肥为主，适施磷、钾肥，基肥用量每公顷一般可施225～300kg复合肥或油菜专用肥300～375kg，硼砂15kg或持力硼3kg。腊肥以有机肥为主。如条件允许，中等肥力田块每公顷以施有机肥1.2万～1.5万kg，纯氮120kg、五氧化二磷120kg、氧化钾90kg、硼砂15kg为宜。氮肥按底肥∶苗肥(包括腊肥、薹肥)＝7∶3进行安排；磷、钾、硼肥均用作底肥。

(三)播种

1. 播前准备

(1)选地。油菜是直根系作物，虽然耐湿性较强，但根系发育与土壤湿度仍有很大的关系。地下水位高，排水不畅，土壤湿度大，易影响油菜根系生长和植株生理代谢，主根伸长较慢，甚至停止生长。稻田由于前期淹水时间较长，土壤透水通气性差，因此，宜选择地势较高、地下水位较低的稻田作为油菜免耕直播田块。

(2)开好三沟、整好畦。直播大田要先开沟后播种。前茬水稻田在水稻生长过程中预先开好“三沟”，田沟深25cm、腰沟深30cm、围沟深35cm，沟宽30cm，以利排水烤田。在水稻收割前10d断水搁田，收割水稻时控制稻桩高度在10cm以下，收割结束后及时清理稻草(或均匀还田)，利用大、中型开沟机，按畦宽2～3m开沟作畦，以先开沟后播种为宜，田沟深25cm，沟宽30cm。畦幅过大不利排水，影响出苗和生长，尤其在畦中间容易积水；过小土地利用率下降，不利高产，田沟过多同时有碍机械作业。试验对1～5m畦宽进行了对比，结果较为合适的畦幅净宽为2～3m范围内，做到畦、腰、围“三沟”配套，沟沟相通，防止田间渍水。不同畦幅宽度试验性状产量对比表见表4－5。

(3)除草。如棉田杂草较多可在油菜播种前5～7d采用除草剂对土壤表面进行喷雾，清理杂草。目前用得较多的是每公顷用40％的草甘膦3 750～ 4 500g对水750kg，或用50％扑草净1 500g加12.5％盖草能450～750ml对水750kg，或用20％g莠踪2 250～3 000ml对水750kg，或用20％百草枯水剂3 000～4 500 ml对水750kg，在无露水和积水时进行土壤表面喷雾。

棉、油套种的要求在油菜播种前3d左右，然后用中耕器将预留行中耕一次。

表4－5 不同畦幅宽度试验性状产量对比表

畦宽（m）	株高（cm）	茎粗（cm）	密度（株数/亩）	株角数（角果/株）	角粒数（粒/角果）	千粒重（g）	亩产（kg）
1	143	1.6	17 231	117	17.7	4.01	143.1
2	142	1.5	17 386	129	17.5	4.01	157.4
3	141	1.5	17 164	122	17.6	4.00	147.4
4	136	1.4	16 247	117	17.1	3.94	128.1
5	133	1.3	15 739	112	16.8	3.91	115.8

2. 适期播种

播种期是油菜生产上的一个重要问题。无论冬、春油菜，都要掌握好播种期，否则易发生越冬死苗或避不过晚霜危害而造成减产，甚至翻耕改种。

宁波地区单季晚稻或连作晚稻集中收获期在10月底至11月上旬，晚稻收获后，直播油菜季节偏迟、偏紧，而稻田油菜的出苗率和产量随播种期的推迟而下降，播种迟，气温降低，不利于出苗和冬前早发，株型偏小，高产架子形成难，产量不高不稳，在11月10日以后播种就更难获得全苗壮苗。因此，在抢收晚稻的同时应抢时间直播油菜，越早播种越有利一播全苗,越有利高产架子的形成。根据作者多年实践冬油菜一般情况下以10月中旬至11月初播种较好,最迟也应于11月10日前结束播种。

生产上确定播种期时,既要考虑适当早播增产的一面,又要能躲过晚霜危害。当气温下降到-5℃时甘蓝型油菜就会产生冻害,-6℃时小苗、弱苗就会死亡。因此,各地可根据当地当年的气候情况,和历年春天气温回升后-5℃出现的时间、几率,正确地确定春播油菜的播种期。一般情况下,当日均气温稳定在2～3℃以上时即可进行播种。就一个县来说,地形比较复杂,海拔高低有差别,气候也有差别,也要因地制宜,灵活掌握。一般海拔高的地方播种期应适当推迟,海拔低的地方播种期可适当提早。

根据宁波市"配套研究"直播油菜的播期试验结果,宁波市直播油菜以10月底至11月初为宜。通过对田间观察,随着油菜播期推迟,个体逐渐变弱,株高降低,主花序和有效分枝减少,单株角果数和每角果粒数明显减少,产量也随之下降,在11月10日以后播种的,特别是在11月15日或20日以后播种的,明显减产。

播期试验结果见表4-6、表4-7所述。

表4-6　2011—2012年播期试验经济性状考查表

播种期（月/日）	出苗期（月/日）	亩苗数（万）	五叶期（月/日）	亩株数（万株）	现蕾期（月/日）	抽薹期（月/日）	初花期（月/日）	终花期（月/日）	成熟期（月/日）
10/25	10/29	1.63	12/23	1.18	2/21	3/4	3/28	4/14	5/18
11/5	11/10	1.95	1/6	1.58	2/27	3/8	3/30	4/16	5/21
11/10	11/17	2.18	1/13	1.97	3/1	3/10	4/1	4/17	5/22
11/15	11/24	3.88	1/23	3.68	3/4	3/12	4/3	4/17	5/22
11/25	12/6	4.65	2/2	4.42	3/6	3/13	4/6	4/18	5/23

表 4－7 2011—2012 年浙油 50 播期试验考查表

播期试验（月/日）	株高（cm）	株角数（角/株）	角粒数（粒/角）	千粒重（g）	理论亩产（kg）	实产（kg）	增幅（%）
10/25	1.37	183	19.3	4	152.6	121.4	—
11/5	1.43	174	18.7	3.8	159.5	108.8	－10.4
11/10	1.31	133	16.6	4.2	138.8	96	－20.9
11/15	1.19	97.8	15.7	4.1	127.2	95.6	－21.3
11/25	1.1	89.8	15.8	4.2	132.8	85	－29.9

3. 细播匀播，精量播种

采用正确的播种技术，是提高播种质量，实现苗全苗壮的重要保证。

播种前对油菜种子要进行精选。选种的方法很多，风选、筛选、清水选种均可，目的是除去小粒、秕粒、破籽、未成熟籽、病虫草籽及杂物，使种子粒大、纯净、整齐一致。并选晴天晒种 1～2d，每天晒 3～4h，以促进种子后熟，提高发芽率。但要避免在水泥场上暴晒，以免降低发芽率。新鲜种子，没有发生霉变等情况，可不做发芽试验。若种子存放时间较久，或新从外地调来的种子，应做发芽试验，了解发芽率后再播种。

油菜的播种方法有撒播和条播两种。但出于撒播下籽量不易掌握，覆土深浅也不一致，而且用种量也大，故双低油菜播种不提倡撒播，一般均采用条播。条播时既要控制播量，又要掌握好播种深度，一般以播深 2～3cm，行距 20cm 为宜，具体播深还要根据墒情做适当调整，墒情好可稍浅，墒情差可稍深。

在播种方法上要坚持细播匀播、精量播种。首先，要确立合理的播种量，播种量应随播期迟早而增减，一般在 10 月底至 11 月初播种，每亩播种量 0.2kg 较适宜，表现为个体生长健壮，群体协调良好。但随着播期的推迟，11 月上旬播种，每亩播种量以0.2～0.25kg为宜，亩密度保证在1.5万～1.7万株，亩产最高；亩播量少于0.2kg，个体较壮，但群体不足，亩产下降；亩播种量0.25kg以上时个体逐渐变弱，株高降低，主花序和有效分枝减少，单株角果数和每角果粒数明显减少，产量也随之下降。11月中旬以后播种，每亩播种量应不低于0.3kg，亩密度达到2.0万株以上为宜。普通机动喷雾机喷播油菜种子，在使用前先把喷雾机的排水管接入排种口，作为油菜种子的输送通道，并调节好排种开关的开度，准确控制种子按一定排量在机器产生的风力作用下均匀地飞播至预定地点。喷播时，将油菜种子直接装入药筒内，并借助操作人员行走速度、抛洒高低、喷口摆幅等来控制、调节播种的均匀度。转弯或掉头时须关闭排种开关，要避免漏播和重复喷播。其次，应用专用油菜精量播种机，配用机械驱动装置，实现播种时根据不同农艺作业要求，灵活调节行距、株距、播种深度、播种量等，实现从传统的手工播种到利用普通机动喷雾机的半精量播种，再到使用自走式专用油菜播种机的精量播种机。油菜的精量播种解决了油菜直播中的不均匀、速度慢、个体与群体协调差、单产不高的问题，生产中意义很大。所谓精量播种，就是将油菜种子在预定的合理种子数量的前提下按照高产农艺栽培要求快速、准确地把种子播入到预定土壤位置中。它较好地处理和协调了群体与个体关系，解决了群体结构的合理性，改善了群体内光照条件，使油菜个体营养良好，发育健壮，分枝合理，角果、粒数总量充足，千粒重高。其增产机理是油菜茎秆粗壮，抗病抗倒力增强，无效株降低，每荚粒数、粒重增加。研究表明，在同一播期同一播种量(每亩0.25kg)的条件下，采用不同工具和方式播种，植株生长状况、产量有明显的差异。精量播种方式表现为个体生长健壮，群体协调良好，亩产量为最高。表4-8是机械精量播种与人工播种比较的试验数据；表4-9是不同播种量试验的产量结果。

表 4-8 机械精量播种与人工播种比较

播种方式	播种速度（亩/h）	株高（cm）	茎粗（cm）	密度（株/亩）	株角数（角果/株）	角粒数（粒/角果）	千粒重（g）	亩产（kg）
精量播种	6.3	121	1.49	17 228	120.7	17.5	4.02	146.3
机喷播种	6.9	121	1.43	16 367	117.6	17.3	4.02	133.9
人工播种	0.7	118	1.40	17 145	114.2	16.5	4.02	129.9

注：播期 11/2，品种浙双 72，亩播种量 0.25kg。

表 4-9 不同播种量试验性状产量对比

播种量（kg/亩）	株高（cm）	密度（株数/亩）	株角数（角果/株）	角粒数（粒/角果）	千粒重（g）	亩产（kg）
0.15	152	11 412	133	17.6	3.91	104.5
0.2	147	16 937	126	17.2	3.88	142.4
0.25	143	18 853	121	17.0	3.86	149.7
0.3	131	20 124	111	16.2	3.82	138.2

注：品种浙双 18，播种期 11/9，人工播种。

播种方法应因地制宜。如宁波市油菜直播期间处于秋冬季节转换期，年度间有烂冬、燥冬、低温、冰冻、阴雨等不确定性天气。经宁波市种植业管理总站对宁波所属县、市（区）播种方式调查分析，播种前前作稻草（秸秆）须在清理后，采用机械开沟浅旋耕，并在施入基肥后，以人工撒直播为好。播种时，土壤要保持湿润，以有利于提高油菜播后成苗率，同时应根据不同情况，采取相应的覆盖保温措施，加强播后管理，提高出苗率。但要注意两点：

（1）前茬为水稻高产的大田，因稻草生物量较多。不宜在直播后采用稻草覆盖，否则不仅增加成本，而且会因覆盖过厚，遇阴雨天气影响出苗。

（2）燥冬年份，不宜采用稻草还田。稻草还田会架空土壤，使油菜根系难以下扎，造成出苗困难。但燥冬年份，必须覆盖措施，否则遇低温冰冻天气，容易造成幼苗冻害。

4. 播种量

油菜直播、人工收获与机械收获配套栽培技术主要是生产密度变化，直播机收，确定合理的播种量，十分重要。宁波市“配套研究”中，以每亩播量200g、250g、300g、400g、500g等5个处理进行了播量试验，试验小区面积20m²，随机区组，3次重复，四周设置保护行。播期统一为11月10日，基肥复合肥25kg打底，开沟后撒播。由于播种后雨水较多，田间水分高，光照条件差，植株长势比较瘦弱，追肥于12月27日施用尿素4kg，次年2月9日、3月13日和24日施用尿素6kg、10kg和10kg，在1月5日用盖草能防治杂草一次，其他栽培管理与常规相同。于油菜成熟期考查经济性状，在收获期调查实割产量。

试验考查结果见表4-10、表4-11。

表4-10　2011—2012年浙油50油菜播量试验经济性状考查

亩播量(g)	株高(cm)	株角数(角/株)	角粒数(粒/角)	千粒重(g)	理论亩产(kg)	实产(kg)	增幅(%)
200	1.34	173	20.1	4	136.3	118.4	—
250	1.33	168.5	18	4.2	151.6	129.4	9.29
300	1.33	154	17.4	4	167.2	133	12.30
400	1.26	135.8	19.3	3.8	170.3	131.8	11.30
500	1.35	124	18.5	3.8	184.8	133.8	13.01

表4-11　2011—2012年浙油50油菜播量试验经济性状考查

亩播量(g)	播种期(月/日)	出苗期(月/日)	亩苗数(万)	五叶期(月/日)	亩株数(万)	现蕾期(月/日)	抽薹期(月/日)	初花期(月/日)	终花期(月/日)	成熟期(月/日)
200	11/10	11/17	1.77	1/9	1.32	2/28	3/10	3/30	4/20	5/21
250	11/10	11/17	2.42	1/9	1.94	2/28	3/10	3/30	4/20	5/21
300	11/10	11/17	2.95	1/9	2.28	2/28	3/10	3/30	4/20	5/21
400	11/10	11/17	2.98	1/9	2.32	2/28	3/10	3/30	4/20	5/21
500	11/10	11/17	3.71	1/9	3.18	2/28	3/10	3/30	4/20	5/21

试验结果表明：

(1)随着播量增加，亩苗数、亩苗数依次递增，但成熟期差异小。

(2)从产量看，11月上旬播种的亩播量以500g播量的单产最高，而300g播量居次，400g、250g、200g依次递减。综合考虑到用种经济性，建议11月上旬的油菜直播田，播量以300g/亩为宜。

(四)合理密植

直播油菜的播种密度对产量有重要的影响。在一定的外界条件下，留苗过稀，植株个体发育良好，株大、枝多、角果多、单株产量高。但由于单位面积内的株数太少，因而总角果数不多，产量不高，留苗过密，个体发育不良，株小、分枝少、角果少。虽然单位面积内个体数很多，但单株产量太低，结果群体的产量还是不高。

生产上为了抓全苗，一般播种量都较大，出苗后应及时间苗，删密留稀，确定适当的密度。间苗可以调整群体和个体对水分、养分、光照、空气等方面需求的矛盾，使之协调，既有利于个体生长发育，提高单株生产力，又能使群体得到最大发展。因此，间苗是一项重要的增产措施。可是有些地方有的农户认为间苗费工，不进行间苗，结果许多油菜苗挤在一起，造成苗细苗弱，产量不高。

根据各地经验，一般要求在苗齐后进行第一次间苗，2叶期进行第二次间苗，四片真叶后适时定苗，不能过迟，否则对产量有影响。在间苗时，发现缺苗，要从苗稠处取苗带土移栽，栽后浇水，使其成活。

生产上要获得油菜高产，必须实行合理密植，保证有恰当的株数，同时采取有关措施，争取多分枝，多结角。油菜的种植密度因土壤肥力、灌溉条件、品种类型、播种季节、种植方式等不同有很大差异。一般来说，水地、肥地、甘蓝型品种、正茬播种的密度宜适当小些。旱地、瘦地、白菜型小油菜、复种的密度应适当大些。

(五)科学施肥

施肥与油菜产量的关系很大，但这个关系比较复杂，它除了与油菜对肥料需求有关外，还与土壤、气候、品种、栽培制度等多种因素有关。因此，各地应按照自己的生产实际及油菜本身的需肥规律，制定出合理经济的施肥原则和技术，这是获得双低油菜直播丰产稳产的一个重要环节。

宁波市通过“配套研究”和多年生产实践，针对直播油菜全生长期都在大田的特点，如施肥不当，容易导致前期肥料过多，后期脱肥而早衰。确定直播油菜应采取施足基肥增施追肥的原则。以达到全生育期平衡健壮生长目的，为后期机械收获打下基础。

施用肥料时可应用机械操作，既可应用专用机械，也可利用常规机动喷雾机，喷洒的肥料以颗粒状肥料效果更理想（如尿素、复合肥），实现一机多用。

1. 施足基肥

各地油菜增产经验说明，只有施足底肥才能获得高产。故在油菜施肥上有“三追不如一底”的说法。油菜底肥应以农家肥料为主。农家肥料的营养成分较全面，肥效稳，作用时间长，基本可满足油菜整个生育期中对养分的低水平需要；同时农家肥料含有机质较多，可以改良土壤结构，利于抗旱保墒，促进根系发育。但由于各种原因不便或无法施用农家肥料或因农家肥料质量不高难以满足油菜生长发育的需要时，可以以化学肥料搭配代替，也可以以商品有机肥代替，并加施一些氮元素和磷素化肥作底肥。

底肥一般结合播前整地施入。施肥量要根据茬口、土壤肥力、品种等具体条件而定，茬薄、地瘦，甘蓝型品种应多施；茬好、地肥，小油菜（白菜型）品种可少施。

根据宁波市的实践经验，在采用化学肥料为基肥时，氮、磷、钾肥配套，以每亩施尿素 10kg、过磷酸钙 30kg、氯化钾 7.5kg 混合于开沟后播前撒施为好。

在底肥中，加施磷肥是重要的增产措施。油菜是喜磷作物，植株的生长和油分的转化都离不开磷的作用。磷的存在可以促进根系的发育，使次生根增多，吸收能力增强，单株结果数增多，粒重增加。冬油菜施用磷肥还可以提高越冬抗寒能力，这是因为磷可以增加细胞中原生质的黏性和弹性，使油菜容易受冻害的根茎部分的韧皮在天冷时不易破裂失水而引起菜苗死亡。有的地方，土壤中普遍缺磷，因此，在这些地区无论冬、春油菜，都需要增施磷肥，以利提高产量。磷肥在土壤中的移动性很小，要分层施用，才能充分发挥作用。每亩施 30kg 磷肥，可将 20kg 用作底肥，在播前整地时施入，其余 10kg 在播种时作种肥施用，效果较好。

2. 增施追肥

（1）勤施苗肥。油菜需肥量较多，生育期又较长（特别是冬油菜），一次底肥难以满足整个生育期对养分的需要，故应根据苗情进行追肥，以补充底肥的不足。

壮苗是增产的基础。苗肥一般分两次施用，可分别在油菜苗 2～3 片真叶和 5～6 片真叶时，每亩各施尿素 7.5kg。

（2）重施薹肥。冬油菜返青后，很快就进入蕾薹期。此时薹茎抽伸，枝叶增多，花芽分化速度加快，是生长发育的旺盛时期，对养分的需求量大。满足油菜这一时期对养分的需要，是增产的关键。即便冬前菜苗长势较差，如能在这时期供给充足的养分，仍能获得较高的产量。

冬油菜春季第一次追肥应早施，可在土壤解冻后适量、早施薹肥，一般可掌握在全田有 10％植株薹高 2cm 时，每亩施尿素 10kg 为宜，以促进早发。在适施蕾薹肥后，如花期仍有脱肥现象（叶色不正，生长不健旺等），还应追一次肥。使已开的花提高结实率，减少枝上部的空尖，使籽粒饱满，粒重增加。这次追肥应注意两点：一是氮肥用量不宜过多，二是追肥时间不能过迟，以免引起贪青晚熟和发生病虫害。一般以在初花期追 5～10kg 氮元素化肥为宜。

（3）配施硼肥。硼虽是一种微量元素，但对油菜的生长发育影响甚大，尤其是“双低”油菜品种对硼肥较为敏感。硼可以加速花的发育，增加花的数量，增强花粉的萌发和花粉管的伸长，提高受精率。缺硼时，受精作用受到影响，易发生“花而不实”的现象。须根不长，叶片变小、畸形，花序顶端花蕾萎缩枯干或脱落，角果停止发育，胚珠萎缩不能发育成种子或成秕粒。

至于到底在什么时期喷硼增产效果最好，陕西省农业科学院土壤肥料研究所在关中进行了48个点的施硼试验，其结果说明：一是在油菜各生育期施用硼肥都可获得增产。二是增产幅度最大的是苗期加花期喷硼，可比对照增产37.5％。

宁波市通过"配套研究"试验，认为一般可掌握在5～6叶期时，以每亩配施硼砂1kg或高效速溶硼砂肥料0.1kg为好。

（六）灌溉

油菜是需水较多的作物，凡种在水地的都应根据水源、气候、油菜长势等具体情况，适时进行灌溉，以提高油菜产量。

有的地方降水量少，播种时土壤水分不足，灌好底墒水十分重要，可使土壤沉实、墒好、出苗整齐，为丰产奠定基础。

冬灌，可以保护油菜苗安全越冬。这主要是因为土壤空隙里充满了空气和水分，空气多水就少，水多空气就少，水的比热比空气大，导热率也比空气大得多，灌水后，多数孔隙被水分占领，当大气温度升降时，水温的升降比较缓慢，使油菜根系处在比较平稳的温度条件下，促进安全越冬。

油菜现蕾抽薹以后，生长日渐加快，需水逐渐增多，一般在蕾薹期结合追肥灌水一次。开花期生长最旺盛，气温也比较高，耗水强度大，此时灌水最为重要，可视土壤墒情在始花期和盛花期各浇水一次。结角后如降水均匀，土壤水分适宜，可不灌水。如天旱土壤墒情差，还应灌水一次。

（七）田间管理

1. 杂草综合防治

直播油菜田杂草种类多，发生时间早，发生量大，危害严重，是田间管理工作的重点之一。宁波市通过"配套研究"，对稻茬油菜田杂草发生情况进行调查分析，确定本地稻茬免耕直播油菜田杂草主要有看麦娘、繁缕、雀舌草等10余种。其中单子叶杂草以看麦娘发生量最大，占杂草总数90%左右；在阔叶杂草中以繁缕、雀舌草等为多。试验表明前作晚稻收后，在播种前2～3d每亩用10%草甘膦水剂500ml加水40kg进行喷雾灭草。播种后在禾本科杂草3叶期再进行化学除草，每亩用5%精禾草克乳油50ml，或用15%精稳杀得乳油50ml，加水40kg均匀喷雾。需兼除阔叶杂草的，在苗期于上述除草剂中每亩再加入50%高特克（草除灵）悬浮剂30ml，或每亩用17.5%禾繁净90ml，加水40kg喷雾防除。

2. 中耕

中耕有疏松土壤、增温、保墒、促进根系发育的作用。中耕可结合间、定苗进行。在2叶期间苗时进行第一次中耕除草，这次中耕不宜过深，锄松表土即可。第二次中耕除草在定苗时进行，此时油菜主根已下扎，中耕深度可适当增加，以利侧根发育。冬油菜返青期追肥灌水后进行一次中耕，锄松土壤，消灭杂草，对保墒防旱，促进油菜生长发育很有好处。

3. 防冻保苗

冬季寒冷，油菜易受冻死苗。因此要注意防冻保苗。

根据群众经验，搞好防冻保苗，除了培育壮苗，提高油菜本身的抗冻能力和灌好封冻水外，还可采取以下两项措施。

(1)施暖苗肥。土壤封冻前给油菜施暖苗肥，可以供给养分，提高地温，增强油菜的抗冻能力。暖苗肥要以热性腐熟农家肥为主，生粪不要上地。

(2)培土。油菜冬前培土有保温、保墒、防旱、防冻的作用。如不培土，盖谷草、盖玉米秆等也有一定的防冻保苗效果。覆盖时间以12月下旬或翌年1月上中旬，日平均温度2～3℃时较好，培土厚度以3cm左右为宜，次年春天解冻后及时扒开覆盖物。

此外，冬油菜越冬期间还要防止人畜践踏，牛、羊啃食，人为揪叶等。

4. 病虫害防治

直播油菜主要病害有菌核病、病毒病、锈病、霜霉病等；主要虫害有根蛆、黄条跳甲、菜青虫、地老虎、蚜虫等20多种。病虫害防治技术详见本书第四章第五节。

四、直播油菜的收获、干燥与安全贮藏

直播油菜菜籽的收获时期要把握适度，过早收获会因为角果未完全成熟而使脱粒困难，损失较大；过迟收获会因为角果爆裂损失籽粒产量。当全田角果90%～95%荚果成熟转色（宁波，5月下旬到6月初间），于晴天露水干燥后用油菜专用联合收获机直接收割、脱粒。采用专用收割机一次性收获，可省略了人工收割、堆蓬、脱粒等烦琐、繁重、工效低的生产环节。机械收割时，收割机手应控制机械作业速度不宜过快，做到匀速，力求减少机械与籽粒碰撞损失。

油菜收割机推荐选用浙江省湖州星光、湖州中机南方股份碧浪、台州柳林和江苏久保田等品牌等全喂入水稻油菜联合收割机，机收损失率一般在8%以下。机收后应及时干燥，防止收获后因菜籽含水量过高质量下降。有条件的，可在油菜机收后。用不超过75℃的低温烘干机烘干。

有关油菜籽的适时收获、干燥与安全贮藏，详见本书第四章第六节。

第三节　双低油菜育苗移栽技术

一、双低油菜育苗移栽方式的主要类型

近年来，生产上采用的双低油菜育苗移栽高产栽培技术主要有以下几种类型。

1. 冬壮春发型

通过培育壮苗适时移植，苗期肥水管理和防治病虫等工作，达到越冬时苗势健壮。冬壮苗的根系发达，根茎粗壮，有7～8片大叶，叶簇直径22～27cm，叶色深绿，无病虫害，越冬后期主茎花芽开始分化。这样的油菜苗根系吸收力强，叶片光合作用效率较高，制造和积累养分较多，含糖量较高，抗寒力较强，有助于安全越冬。腋芽和花芽分化早，数量多，为春后早发打下基础。在冬壮的基础上，开春后及早进行施肥、中耕、防治病虫害等措施，促进春发，从而获得稳产高产，每亩产量可达到 150kg 以上。

2. 冬春双发型

在适期早播、大壮苗及早定植及肥水条件良好的条件下，使油菜苗充分利用冬前有效生长期（50～60d）进行营养生长和养分积累。12 月底，植株具有较大的营养体，单株有绿叶 10～12 片，叶面积指数 1.5 左右。这种大壮苗耐寒力较强，根茎粗 0.3～1cm，根系发达。叶腋抽生，叶芽较多，行间叶片搭尖或小封行，叶色深绿，叶缘带紫，生长发育健壮，为春发打下良好基础。春后再加强肥水管理等措施，促使油菜春发，使其枝多、角多、粒多、粒重，从而获得高产，一般亩产量可达 200kg 左右。

3. 秋发型

在早播早栽、稀播稀植及早管的条件下秋末冬初单株有 8 片绿叶，12 月上旬 50%以上植株有 10 片绿叶，植株出现腋芽，叶片迅速向两边伸长，12 月底植株有 12～14 片绿叶，叶面积指数 2.5～3，腋芽多，根茎粗 1～1.5cm，全田已封行。

秋发油菜能充分利用秋冬光热资源在年前积累较多干物质，这样春后油菜茎秆粗壮，分枝多，角果多，产量高，一般亩产量可达 240kg 以上。

二、双低油菜育苗移栽高产栽培技术

(一)选用优良品种

选用优质、高产、多抗品种是实现油菜高产稳产的基础。各地区在种植双低油菜时，均应根据各地的气候条件和土壤、耕作制度、结构改制要求等情况，因地制宜选择适合本地区栽植的双低优良新品种。因为只有选用高产、优质、抗逆性强、适应性好的双低油菜新品种，才能获得最佳的经济效益。

在选择好双低油菜新品种后，还必须选用其中优质的双低油菜种子来播种，两者缺一不可。目前科研院所选育而成的双低油菜新品种，一类是通过系统选育或杂交选育而成的可留种非杂交种双低油菜；另一类是配制的杂交组合，即双低油菜杂交种。对于后者，生产上不能留种，必须年年购买育种单位专业制成的优质种子播种。而对于前者，农户必须注意，最好自己不要留种，应向科研单位购买经严格程序专门选育的双低油菜种子。因为在双低油菜生产中，因条件限制或其他原因，常因生物学混杂和机械混杂，而出现双低油菜品质下降，再用它来留种再繁殖，品质下降更为严重，根本不能保证双低油菜的品质。对双低油菜的生产，也要采用严格的标准化和产业化生产，才能确保优质高产。

双低油菜种子最好选用一级良种。一级良种应符合以下标准：芥酸≤1%、硫苷含量 0.2μmol/g 以下、纯度＞95%、发芽率＞90%、净度＞98%、水分≤9%。

目前，在宁波地区推广的优良品种主要有浙油 50 号、浙油 51、浙大 617、浙大 622、浙双 72、浙油 180 等，这些品种综合丰产性状好，品质符合国家优质油菜标准。

(二)培育壮苗

培育壮苗是优质高产的前提。双低油菜采用育苗移植，有三大优点。一是可以减少优质种子用量，降低种子成本。据测试与生产统计，双低油菜直播种子亩用量为 0.5～0.7kg，而移植油菜每亩用量仅 0.1kg。二是育苗移栽可以做到适时早播，解决前后季农作物的矛盾。三是有利于培育壮苗。苗床面积小，能做到精细管理，移植时可挑选大苗、壮苗移植，能做到一次全苗，有利于双低油菜的标准化生产。

1. 壮苗的标准

(1)形态特征。秧苗矮壮，节间缩短，叶序排列紧密；叶片大而适度，呈正常绿色，叶柄粗短；根系发达，主根粗大，支、细根多，根嫩色白，根茎粗短；移植时达到“三七标准”，即绿叶 6～7 片，苗高

20cm 左右，根茎粗 0.6～0.7cm，根茎长 2cm 以下。秧龄适当(35～45d)，无红叶、无高脚苗，无曲颈，支根、细根多，无病虫。

(2)生理指标。叶片全糖含量(占干重)大于 8.5%，全氮含量(占干重)4%左右，单位叶面积重量不少于 $30mg/cm^2$。

2. 培育壮苗的措施

(1)选好苗床地址、留足苗床。苗床应选择背风向阳，地势较平坦，土质肥沃疏松，保水保肥力好，排灌方便，并且在一二年内未种过油菜或其他十字花科蔬菜的旱地。同时要根据大田计划种植面积和种植密度来确定苗床面积，苗床与大田的适当比例一般为 1∶(5～7)。稀播是培育壮苗的重要条件，如苗床面积过小，播种量过大，就会出现苗挤苗，形成高脚苗或弱苗，导致根系发育不良。

(2)精细整地，施足基肥。油菜种子小，发芽出苗顶土力弱，苗床整地必须精细，做到平、细、实。即在播种前要翻耕晒白苗床，敲碎土块，开沟做畦，苗床大小一般为畦宽 130～170cm，沟宽 25cm 左右，沟深 15～20cm，要做到畦面平整，土壤细碎，土层上松下实。

苗床应结合整地，施足基肥。基肥以有机肥为主，一般每亩苗床可用三元复合肥(15－15－15)25kg，土、肥均匀混合，或腐熟猪粪 1 000kg 或人粪 500kg，过磷酸钙 20～25kg，氯化钾 5kg，混合拌匀后堆沤 7～10d，然后撒施于畦面并与表层土拌和，使土、肥充分混合。

(3)适期早播、适量稀播。在确定播期时既要考虑避免过早播种造成秧龄过长、菜苗性状恶化或冬前早薹，又要考虑避免过迟播种造成冬前温光资源得不到充分利用、生长量不足而影响秋发。根据试验和高产实践，宁波地区油菜育苗的播种期以 9 月 10 日左右为宜。播前应晒种 1～2d，去杂去秕，以提高种子出苗率。同时，播种时要做到适量稀播。播种密度与秧苗的素质有着十分密切的关系，播种密度越高，素质越差。根据浙江、江苏等地的实践，一般认为播种量以每亩 0.5～0.75kg/亩为宜；秧大田比以 1∶(5～7)为好。播种时要求分畦定量，并掺细土均匀播种,提倡使用种子包衣剂包衣播种,做到不漏播,无丛籽,无深籽。播后要轻轻压实苗床表土,并以稀薄肥水(如稀薄人粪尿)1 000kg泼浇畦面,使种子与土壤密切接触,如遇干旱天气,还应在畦面覆盖遮阳网或少量碎稻草,并浇水保湿,争取早出苗,早齐苗。

(4)播后管理。①播种出苗后要求早间苗,稀定苗。第一次间苗在齐苗后第一片真叶期进行,做到苗不挤苗;第二次间苗在第二片真叶时进行,做到苗不搭叶,3叶1心定苗,每平方米留苗120～130株,保持苗之间7～10cm间隙。每亩留苗70 000株左右。间苗时做到“五去五留”,即去弱苗,留壮苗;去小苗,留大苗;去密苗,留匀苗;去杂苗,留纯苗;去病苗,留健苗。同时要拔除杂草,保证油菜苗生长健壮。②及时适量追肥浇水。苗床肥水管理应采取前促后控的办法,5叶期前以促为主,5叶后要进行肥水控制。苗期水分管理应以土面不发白为原则,齐苗后,要减少浇水次数,以促根系下扎;要做好肥促化控,培育壮苗。肥促是指在施足基肥,提高土壤供肥能力的基础上,适当追肥、科学用肥,按“少量多餐”的原则,4叶期前施肥2～3次,每次每亩用稀人畜粪尿250～500kg或尿素3～4kg加水1 000kg泼浇,5叶期后减少浇水施肥,以促进体内营养物质的积累,提高幼苗的碳素水平。移栽前施好“送嫁肥”(起身肥),以肥促发促壮,一般可用尿素10kg/亩左右,并以氮∶磷∶钾=1∶0.5∶0.5的比率配施磷、钾肥,同时加施硼肥0.5kg/亩,为壮苗提供充足的养分。化控是指用多效唑来控制油菜苗的生长,促进根茎增粗,叶片增厚、增宽,延长绿叶功能期。多效唑喷施一般于3叶1心期进行,用15%多效唑可湿性粉剂50g对水50kg药液喷施,不漏喷、重喷。如遇干旱天气,喷施多效唑溶液可推迟到4叶期,浓度可降到100mg/kg。遇多雨天气,应将浓度提高到150～200mg/kg,并酌情增喷1次。施用多效唑溶液最好是在下午喷施,并做到细雾匀喷,避免重喷或漏喷,喷后遇雨要适量补喷。

(三)大田定植

1. 大田选择

应选择在生态条件良好,远离污染源,并具有可持续生产能力的农业生产区域。

2. 开沟作畦

在前茬作物收获后清理田间秸秆,于移栽或直播前7d每亩用40%草甘膦250g对水50kg喷雾,防治田间杂草。然后按畦宽1.7～2.0m开畦沟,全田“三沟”配套,沟宽0.3m、畦沟深0.25m,腰沟深0.3m、围沟深0.35m。免耕直播油菜播种前或播种后每亩撒施三元复合肥25kg,加施硼砂1kg或高效速溶硼砂肥料0.1kg作基肥;免耕移栽油菜,在移栽前或移栽后每亩施过磷酸钙20kg、氯化钾5kg、尿素5kg、硼砂1kg作基肥。

3. 适期早植,适度稀植

近几年随着农业种植结构的调整,冬油菜区普遍提倡壮苗早植。因为早栽油菜在秋末冬初较高温度下有利于幼苗快发根、多长叶,促进冬发,并为春后茎秆、分枝的生长创造良好的条件,为形成足够的角果数,夺取油菜高产打下基础。如宁波地区,目前旱地多在10月下旬至11月上旬移栽,稻田10月下旬至11月中旬移栽。栽植密度根据土壤肥力、品种特性、播种期、定植期以及栽培管理技术等因素而定,一般作冬发(秋发)油菜栽培的土壤肥力和施肥水平较高,且大多早播早栽,定植密度应稍稀,增加单株分枝数和角果数,充分发挥单株生产能力,一般每亩栽6 000～8 000株,早植多肥宜稀,迟植少肥宜密。移植时一般行距为33～40cm,株距17～25cm,每亩栽植7 000株左右;宽窄行种植的,一般宽行40～45cm,窄行30～35cm,窄行排在畦边,宽窄行相间种植,株距15～20cm。当然,迟栽的早熟双低油菜,或海拔稍高,土地肥力相对稍低。施肥又不足的地区,移植密度每亩也可达10 000株以上。

移栽前1d苗床要浇透水,次日露水干后拔苗,随拔随栽,按苗大小分批打孔栽植，栽后要以清水浇根。多数双低油菜品种的适宜苗龄为30～40d。

4. 提高移植质量

(1)起苗。在拔秧起苗、定植时应尽量减少对叶片和根系的损伤，多带护根泥土，以缩短油菜定植后的缓苗时间。定植前如苗床干硬，要在起苗前1d浇水。使苗床湿润、土壤膨松，便于起苗。

(2)严把移植质量关。一般移植时应做到"三要三边"。三要是：行要栽直，根要栽正，苗要栽稳。三边是：边起苗，边移植，边浇水。具体操作要注意大小苗分别拔、分批栽、不混栽；当天拔的苗尽量当天全部栽完，剩余的隔夜苗一般不再用于大田定植。

(3)施好压根肥，浇好定根水。油菜在移植前，一般每亩应施农家肥1 500～2 000kg做基肥，同时还应边种边施压根肥。一般每亩用复合肥30～40kg，过磷酸钙10～15kg，硼砂0.5～1kg拌适量细泥土压根，以促进根、土、肥三者密切接触，及时供给养分，促进菜苗早发根、早活苗。

(四)双低油菜大田管理

1. 双低油菜越冬期田间管理技术

(1)冬发(秋发)壮苗的特点和标准要求。油菜从播种发芽、出苗到现蕾抽薹称为苗期，一般约占全生育期的60%。冬油菜区移植后大田苗期根据气温和生育特点，可分为大田苗前期和苗后期。苗前期一般是从油菜移植后到12月下旬冬至前后为止，气温由高到低，幼苗只有长根，长叶的营养器官生长；苗后期大约从冬至(12月下旬)到翌年立春(2月上旬)，油菜进入越冬阶段，也是全年气温最低的时期，从花芽开始分化起，便进入了营养生长与生殖生长同时并进时期，但仍以营养生长占主导地位。虽然苗后期是一年中气温最低的时期，营养器官的生长和生殖器官的发育都很缓慢，但由于主茎上的第一次分枝多在冬前和越冬期开始分化花芽，因此，在大田苗期加强管理，形成冬发壮苗，使越冬期幼苗生长健壮，养分供应充足，腋芽发育良好，能分化形成较多的一次有效分枝，同时主花序和次分枝花序上将分化发育较多的花蕾，对增加单株有效一次分枝数和有效角果数，有十分重要的意义。

双低油菜冬发壮苗的形态指标是冬前单株绿叶数 10～12 片，叶面积指数 1.5 左右；秋发的形态指标是冬前单株绿叶数 12～14 片，叶面积指数 2.5～3，最大叶开盘直径 50cm，根茎粗 1～1.5cm，全田已封行。油菜冬发（秋发）苗根茎粗壮，长势强，不抽薹早花，植株抗寒性强，形成优良的苗架和稳健的生长态势，为油菜春发高产打下扎实的基础。

(2)冬发（秋发）壮苗管理技术。

第一，早施苗肥。苗肥早施有利于在前期较高的温湿度条件下，促进冬前的根系生长和营养体生长，达到冬发壮苗的高产苗势。双低油菜苗肥更应以早施为宜，以氮元素肥料为主，一般应在移植后 20d 内分 2 次进行追肥，施肥量占总肥量的 20%。第一次在移植后 10d，看天看地追施缓苗肥，一般每亩可浇施碳酸氢铵 10kg。如天气少雨干旱或土壤湿度小的田块，每亩用人粪尿 560～750kg 或用尿素 2～3kg 加水 1 000～1 500kg 浇施，使根、肥、土三者密接，增加土壤湿度；对天气多雨或田间湿度大的田块，则可直接追施速效氮肥。第一次追肥后隔 10～15d 施腊肥，即第 2 次追肥，每亩可施用农家肥 500kg、碳酸氢铵 15kg 或尿素 5kg，或每亩用碳铵 10～15kg 或尿素 5kg 加水 1 000～1 500kg 灌浇。油菜越冬至抽薹期间易遭受低温危害，过量的生长将使其抗冻能力下降，且易出现返青期旺长，对增加有效分枝也无实际意义。因此，在前期生长量大、施肥量较多的前提下，应适当控制这一阶段的生长，不断充实内部组织结构，保持适宜的含糖量和含糖率，可使壮苗安全越冬。冬发（秋发）油菜冬前生长旺盛，组织柔嫩，苗肥施用过迟，越冬期油菜植株体内含糖率低，抗寒力下降，油菜易受冻害，冬肥要以有机肥为主，否则会造成油菜返青期的旺长，增加无效分枝，致使群体发展过大。

第二，勤中耕，早除草。油菜缓苗后要早松土，勤中耕，破除板结，疏松土壤，提高地温，并结合中耕松土适当用细土壅培苗根，封没泥土间隙，减少漏风伤苗，使油菜根系发育良好。

第三，查苗补苗。油菜移植1周后，结合施第一次苗肥，逐畦检查，发现死苗缺株，应立即用事先留好的预备苗带土补栽。同时，结合施冬肥进行2～3次中耕培土和除草，起到保肥增温、防冻防倒作用。

第四，早茎早花的补救。部分半冬性和春性双低油菜品种遇暖冬年份或在早播早栽情况下，冬季生长过旺，出现年前抽薹开花，这些早薹早花易受冬春寒潮影响，使蕾薹遭受冻害。对于有可能出现早薹早花的田块，可采取深中耕措施，损伤部分根系，延缓早薹早花现象的发生。对已经受冻的早薹菜，应及时摘薹，促进下部分枝生长。摘薹要在晴天温度较高时进行，切忌雨天进行，以免造成伤口腐烂。摘薹后立即追施速效肥料，促进恢复生长。

2. 油菜蕾薹期田间管理技术

(1)油菜蕾薹期的生长特点和标准要求。油菜蕾薹期是从油菜现蕾开始到初花为止的生育阶段，30d左右。在这个生育阶段，气温逐渐回升，光照时间逐渐增长，雨量充沛的自然气候对油菜生长发育有利，但气温上升不稳定，风雨寒潮频繁，田间湿度大，易导致植株冻害和根系衰弱、病害发生，甚至会严重影响产量。油菜蕾薹期是油菜营养生长和生殖生长两旺的时期。这一阶段表现最突出的是叶面积大幅度增长，到初花期叶面积指数达一生中最大值。同时表现为主茎迅速伸长，分枝不断抽生，花蕾加快分化，根系继续扩展，叶片的同化作用和根系吸收能力显著增强。

油菜期蕾薹是油菜春发稳长，达到根强、秆壮、枝多，为争取角多、粒多、粒重奠定基础的关键时期，也是油菜吸收氮、钾养分最多时期。植株体内氮元素和钾素营养日积累达最高峰，需要吸收较多的养料，以利于形成大量的蛋白质、碳水化合物等有机物，以构成繁殖器官。此阶段氮、磷、钾营养供应充足与否，对单株有效分枝数和角果数有重要影响。这个时期管理工作的重点是促进油菜春发稳长,协调营养生长和生殖生长、个体与群体的矛盾,争取枝多、角多、粒多,减轻病虫的危害。

(2)油菜蕾薹期田间管理技术。

第一,早施重施薹肥。油菜蕾薹肥是促进油菜的春发稳长,争取枝多、角多,实现油菜高产的关键肥。生产上,薹肥的施用要看苗、看地、看天合理进行,以掌握早发稳长、不早衰、不徒长贪青为原则。对于春季温度高、雨水多、地力肥沃、冬肥足、油菜长势强,则可少施、迟施薹肥。抽薹时叶片大,薹顶低于叶尖的要少施或不施。薹肥一般在全田10%植株薹高2cm时施用,一般每亩可施碳酸氢铵20kg或尿素7kg,或施用尿素10～12.5kg。薹肥一般占总氮量的30%左右。

第二,补施硼肥。油菜是对硼素敏感的作物,缺硼时表现为华而不实。在缺硼的土壤上增施硼肥,前期可促进发根壮苗,中期促长叶伸薹和增花增果,后期增加产量和含油量。根据有关试验结果,在油菜苗期和薹期施硼的增产效果最好,并可使菌核病的发病率降低,表明硼在油菜上既能防病又能增产。在沙性田和基肥末施硼肥的油菜田,应在初薹时和初花时两次补喷硼肥,使用方法是:每次每亩用硼砂1kg或高效速溶硼砂肥料0.1kg,对水50kg喷施油菜叶面。

第三,中耕除草。随着雨水增多、气温升高,杂草生长迅速,土壤易板结,因此,在早春油菜封行前应及时中耕除草,疏松表土,提高地温,改善土壤理化性状,促进根系发育。同时中耕可以切断菌核病子囊盘柄和埋没子囊盘,从而起到减轻菌核病发生的作用。

第四,化控防倒。油菜蕾薹期是油菜进入营养生长和生殖生长两旺的时期,但仍以营养生长占优势。在气温高、前期施肥量多、密度大的情况下,营养生长和生殖生长易失调,造成植株生长过旺,田间通风透光差,表现为油菜茎秆嫩绿,叶片较大,从而导致病虫害的发生,植株的过早倒伏和产量显著下降。多年试验表明,采用生长调节剂多效唑,在油菜蕾薹期进行叶面喷施,可有效控制抽薹速度，降低主茎和分枝高度，对叶长、柄长、叶宽均有一定的抑制作用，增强抗倒伏性，降低菌核病的发生程度，提高油菜产量。使用方法为每亩用15%多效唑可湿性粉剂40～50g对水40kg喷雾。

3. 油菜花角期田间管理技术

(1)油菜花角期的生长特点。油菜花角期是指油菜始花至成熟所经历的一段时期，包括开花期和角果发育期两个生育时期。开花期是指始花到终花，即从油菜大田有25%植株开始开花到75%植株开花所经历的一段时间。角果发育期是指终花到成熟，在5月中下旬至6月中下旬。

油菜进入花角期之后，即转入了以生殖生长为主导的生育时期，只有少量的营养生长。到角果发育期，则进入完全生殖生长的时期，也就是直接形成产量的时期。这一时期的田间管理以增角、增粒、增重为中心。

(2)油菜花角期田间管理技术。

第一，巧施花角肥。大部分双低油菜前期生长势较弱，后期容易出现早衰。如前中期施肥少，春发不足，个体小；或前期施肥过量，中期控肥，后期也容易出现早衰现象。如叶片提早枯黄脱落，花序变短，花序尖端不实段增长等。因此，在初花期或终花期应增施速效氮肥的叶面肥。如前中期施肥足，植株生育正常，宜喷施速效磷钾叶面肥。一般用0.3%尿素液或0.3%磷酸二氢钾液。

第二，合理灌溉。油菜生育期长，植株体大，枝叶繁茂，是需水较多的作物。而油菜薹期和花期是需水最多的时期。当土壤田间含水量在70%以上时，能满足花期对水分的要求，若低于60%则会对产量产生影响。进入角果发育期后，油菜对水分的要求下降，只需将田间含水量保持在60%以上即可。生产上应该根据双低油菜的这一特性，结合当地供水实际进行合理科学的灌溉。

4. "五防"抗逆

(1)防干旱、防渍水。苗期遇干旱要及时灌水，整个生长期保持油菜田土壤湿润。

(2)防冻害。高产油菜在冬前已形成了较大的营养体,在冬季和早春易受冻害,甚至造成死苗。因此,防御冻害是油菜秋发栽培中的重要环节。在11月底以前搞好培土壅根,并在冬前施好腊肥,护根保苗。越冬初期用15%多效唑60~80g/亩对水叶面喷雾(用弥雾机对水20kg/亩,用手动喷雾器对水40~50kg/亩),控上促下,提高细胞液浓度,增强抗寒能力。越冬期间,如土壤墒情不足,要在寒流到来前2~3d及时浇足水分,增加秸草回铺,严防干冻。

(3)防渍害。为防止秋播季节连阴雨天气,致使油菜移栽质量较差而形成僵苗不发,移栽时要高标准、高质量开好菜田一套沟,做到3m左右开一条沟,先开沟后种菜,达到三沟配套。对僵苗要早施苗肥促转化。油菜后期根系活力下降,防渍害,保证根系吸收功能正常是确保光合产物制造、运输、积累的核心,针对浙江省境内春季雨水相对较多的情况,中后期要及时清沟理墒,雨后要及时排水,防止渍水。

(4)防草害。采取化学除草与人工除草相结合,冬季结合清沟理墒、松土壅根进行人工除草,并根据草情掌握适期搞好化学除草,努力控制杂草危害。对于板茬移栽田,因草害发生较重,特别强调化学除草。移栽前出草较多的田块,以禾本科杂草为主的田块,可在杂草3叶期内每亩用5%精禾草克乳油50ml,或用15%精稳杀得乳油50ml,对水40kg均匀喷雾防除;需兼除阔叶杂草的,在苗期于上述除草剂中每亩再加入50%高特克(草除灵)悬浮剂30ml,或用17.5%禾繁净90ml喷雾防治。

(5)防治病虫害。冬前以防治蚜虫、菜青虫、猝倒病为主。目前双低油菜抗病性较差,暖冬的气候条件更有利于菌核病的发生,尤其要防治好菌核病。除了采取合理轮作,摘除老病叶,减少菌源,扩行降密、改善通风等综合防治措施外,油菜主茎开花株率达85%时,可喷施22%增效多菌灵100g。每亩对水50kg进行化学防治，间隔5d后再喷第2次，确保防治效果。

（五）适时收获、干燥与安全贮藏

见本书第四章第六节。

第四节　双低油菜油薹两用技术

我国推广种植的普通甘蓝型油菜，主要目的是获取油菜籽，为城乡居民提供食用油，但普通甘蓝型油菜菜薹具有苦涩味，食味差，一般不做蔬菜食用。近年来，双低油菜发展迅速，种植比例的不断提高（目前已超过油菜种植面积的90%）。双低油菜品质优，不含甘蓝型油菜的苦涩味，可以开发双低油菜菜薹做蔬菜食用，摘薹后再收获双低油菜籽榨油，一种两得，有较好的经济效益，为开发冬季农业、发展双低油菜提供了新的增效模式。因此，大力推广双低油菜品种，开发菜薹两用技术已逐渐成为农业新技术推广中的一个热点。

一、开发菜薹两用技术的经济效益、社会效益

据王月星、张冬青、耿玉华试验报导，双低油菜如浙双72菜薹的维生素C含量为47.6mg/100g，维生素B_1含量为0.097mg/100g，维生素B_2含量为2.141mg/100g，维生素E含量为0.290mg/100g，硒含量为0.028μg/100g，可溶性总糖含量占3.54%，均高于油冬儿青菜薹，营养价值高。双低油菜菜薹直接炒熟食用，色泽青绿，口感较糯，并有淡淡的清香味；进行冷冻保鲜或深加工成脱水蔬菜，可提高其附加值，在蔬菜淡季供应，延长供应季节。双低油菜菜薹粗壮，花蕾大，加工脱水蔬菜利用率高，浙江海通食品集团股份有限公司生产1kg“万年青”脱水蔬菜只需6kg浙双72鲜菜薹，而用油冬儿青菜薹加工则需要8kg。“万年青”脱水蔬菜不仅畅销上海、杭州等大中城市，而且出口日本、东南亚。

慈溪市种子公司试验结果，浙双72采摘1次菜薹1 575.0 kg/hm^2后，可收油菜籽2 325.0kg/hm^2，比不摘薹的产量略减，但

经济效益比不摘薹的增加 2 481元/hm²；采摘 3 次菜薹 2 854.5 kg/hm²后，可收油菜籽 777.0kg/hm²，比不摘薹的产量减少 1 563.0kg/hm²，而经济效益却比不摘薹的增加 503.4 元/hm²（表 4－12、表 4－13）。采摘 1 次双低油菜主薹，用工少，经济效益高。

表 4－12　浙双 72 与油冬儿菜菜薹采摘试验比较

项目	维生素 C (mg/100g)	维生素 B_1 (mg/100g)	维生素 B_2 (mg/100g)	维生素 E (mg/100g)	硒 (μg/kg)	可溶性总糖(%)
浙双 72 菜薹	47.60	0.097	2.141	0.290	0.028	3.54
油冬儿青菜薹	32.07	0.047	0.471	0.226	0.014	2.95

注：检测单位为农业部农产品质量监督检验测试中心(杭州)

表 4－13　浙薹 72 油薹两用技术经济效益分析

项目	菜薹(kg/hm²)				油菜籽 (kg/hm²)	经济效益(元/hm²)		
	第 1 次	第 2 次	第 3 次	合计		菜薹	油菜籽	合计
摘薹 1 次	1 575.0	0	0	1 575.0	2 325.0	2 520.00	6 045.00	8 565.00
摘薹 3 次	1 369.5	937.5	547.5	2 854.5	777.0	4 567.20	2 020.20	6 587.40
不摘薹	0	0	0	0	2 340.0	0	6 084.00	6 084.00

注：菜苔价格为 1.6 元/kg，油菜籽价格为 2.6 元/kg

宁波试验，菜薹采收后，能促进油菜植株的分枝增加，可使油菜籽增产 7.5%。而且宁波还成功地探索了双低油菜稻田直播实现菜籽、菜薹双高产的栽培技术经验。

二、油薹两用技术要点

双低油菜油薹两用技术与前述育苗移栽、直播栽培技术相同。但需特别注意以下几点。

1. 选用口味鲜糯高产良种

浙双 72、浙油 18、浙油 50 等双低油菜品种是首先品种，油菜籽品质符合国际双低油菜标准要求（芥酸含量低于 5%、硫代葡萄糖苷含量低于 30μmol/g），在直播情况下出苗整齐，耐寒性强，菜薹粗壮，口味鲜糯，商品性好，籽粒产量高。

2. 适期播种

育苗移栽的双低油菜，一般于9月下旬播种，稀播育壮秧；直播的双低油菜，于10中下旬播种，最迟不能超过11月10日。

3. 合理密植

直播油菜高产田每亩有效株在16 000株左右，这样能较好地协调群体与个体关系，油菜个体营养良好，菜薹发育健壮，分枝合理，角果、粒总量充足，千粒重高。试验研究表明，稻田直播油菜菜薹、菜籽兼收的，播种密度比单一收菜籽的应稀些，如在10月底至11月初播种，每亩播种量0.2kg较适宜，表现为个体生长健壮，群体协调良好，菜薹直径大小比较适宜加工脱水菜薹干要求，菜籽单产也高。

4. 增施基肥重施薹肥

肥料分基肥、追肥。基肥以氮、磷、钾肥配套为宜，每亩施尿素15kg、过磷酸钙30kg、氯化钾7.5kg，开沟播前撒施。追肥按“勤施苗肥，重施薹肥”的原则进行科学追施。苗肥一般分两次施用，分别在油菜苗2～3片真叶和5～6片真叶时，每亩各施尿素10kg。“双低”油菜品种对硼肥较为敏感，一定要配施硼肥，防止油菜“花而不实”，在5～6叶期每亩配施硼砂1kg或高效速溶硼砂肥料0.1kg。

5. 适时收获

收获菜薹，一般在3月上中旬分2次采收，当薹高达15cm左右时陆续采收，早抽的薹早采，迟抽的薹迟采，采收方式可用手指掐，或用小镰刀割，所采的薹长度10cm左右，过于迟采会使菜薹老化，影响菜薹的鲜嫩。在正常情况下，平均每亩可采收菜薹125kg。

收获油菜薹后分枝数、单株角果数有所增加，每角果粒数有所下降，但总粒数增多，籽粒产量增加，成熟期推迟。

菜、籽两用油菜不同处理经济性状与产量见表4－14；菜、籽两用油菜不同处理生育期比较，见表4－15。

表 4－14　菜、籽两用油菜不同处理经济性状与产量

处理	株高（cm）	根茎粗（cm）	分枝位（cm）	一次分枝个数	二次分枝个数	密度（万株/667m²）	株角数（角果/株）	角粒数（粒/角）	千粒重（g）	实产
采薹	128	1.63	52.7	5.18	0.1	1.96	112.7	17.1	4.05	153.0
未采薹	141	1.60	60.2	4.77	0.2	1.96	99.3	17.9	4.06	141.4

表 4－15　菜、籽两用油菜不同处理生育期比较

处理	播种期（月/日）	出苗期（月/日）	现蕾期（月/日）	抽薹期（月/日）	初花期（月/日）	终花期（月/日）	成熟期（月/日）
采　薹	10/28	11/2	3/7	3/13	3/27	4/21	6/1
未采薹	10/28	11/2	3/7	3/13	3/19	4/16	5/29

第五节　双低油菜病虫害的防治技术

一、主要病害及其防治

（一）油菜菌核病

1. 症状

菌核病在油菜地上部分各器官均可感染病害。叶片感染病后形成圆形或不规则形大斑，病斑黄褐色或灰褐色，常有 2～3 层同心轮纹，外缘暗青色，外围具淡黄色晕圈，病斑背面暗青色。干燥时病斑易破裂穿孔；潮湿时病斑上长出白色絮状菌丝，迅速扩展蔓延，使全叶腐烂，并形成菌核。被害茎秆和分枝上的病斑，初期为菱形或长条形，略凹陷，呈水渍状；后转为白色，有同心轮纹，边缘褐色，病健部分分界明显，潮湿时上面长出菌丝；病灶绕茎后，其上部植株逐渐枯死，菌丝继续在植株上迅速蔓延，形成白色霉斑；病害晚期，茎髓被蚀空，皮层纵裂，维管束外露如麻，极易折断，茎秆内部形成大量黑色菌核。花瓣感染病后，产生油渍状褐色点状小斑，失去光泽而呈苍黄色，潮湿时长出菌丝并形成菌核。角果上感

染病后初为水渍状浅褐色，后转为白色病斑，气候潮湿时呈湿腐状，上生有白色菌丝，并于角果内外形成菌核。种子感染病后表面粗糙、灰白色、无光泽，有的病粒外为白色菌丝包裹，形成小菌核（图 4－1）。

图 4－1　油菜菌核病发病株（左）及散落的菌核（右）

2. 病原

病原为核盘菌，属子囊菌亚门真菌。菌核长圆形至不规则形，似鼠粪状，初白色后变灰色，内部灰白色。菌核萌发后长出 1 至多个具长柄的肉质黄褐色盘状子囊盘，盘上着生一层子囊和侧丝，子囊无色棍棒状，内含单胞无色子囊孢子 8 个，侧丝无色，丝状，夹生在子囊之间。

3. 传播途径和发病条件

病菌主要以菌核混在土壤中或附着在采种株上、混杂在种子间越冬或越夏。中国南方冬播油菜区 10—12 月有少数菌核萌发，使幼苗发病，绝大多数菌核在翌年 3—4 月间萌发，产生子囊盘。中国北方油菜区则在 3—5 月间萌发。子囊孢子成熟后从子囊里弹出，借气流传播，侵染衰老的叶片和花瓣，长出菌丝体，致寄主组织腐烂变色。病菌从叶片扩展到叶柄，再侵入茎秆，也可通过病、健组织接触或沾附进行重复侵染。生长后期又形成菌核越冬或越夏。菌丝生长发育和菌核形成适温0～30℃，最适温度20℃，最适相对湿度85%以上。菌核可不休眠，5～20℃及较高的土壤湿度即可萌发，其中以15℃最适。在潮湿土壤中菌核能存活1年，干燥土中可存活3年。子囊孢子0～35℃均可萌发，但以5～10℃为适，萌发经48h完成。生产上在菌核数量大时，病害发生流行取决于油菜开花期的降水量，旬降水量超过50mm，发病重，小于30mm则发病轻，低于10mm难于发病。此外，连作地或施用未充分腐熟有机肥、播种过密、偏施过施氮肥易发病。地势低洼、排水不良或湿气滞留、植株倒伏、早春寒流侵袭频繁或遭受冻害发病重。

4. 防治方法

根据菌核病发生为害特点，应以农业防治和药剂防治技术相结合才能控制其流行。

（1）实行稻油轮作或旱地油菜与禾本科作物进行两年以上轮作以减少菌源。在油菜盛花前进行2～3次中耕培土，既可促进根系发育和防止倒伏，又可埋杀菌核，减轻病害。

（2）多雨地区推行窄畦深沟栽培法，利于春季沥水防渍，雨后及时排水，防止湿气滞留。开好排水沟，使明水能排，暗水能降，雨停田干。保持土壤通透性良好，有利于油菜深扎根，一般排水沟宽深各为20cm。

（3）选用抗、耐病品种。

（4）播种前进行种子处理，用10%盐水选种，汰除浮起来的病种子及小菌核，选好的种子晾干后播种。

（5）每年9月选好苗床，培育矮壮苗，适时换茬移栽，做到合理密植，杂交油菜每亩栽植10 000～12 000株。

（6）采用配方施肥技术，提倡施用酵素菌沤制的堆肥或腐熟有机肥，避免偏施氮肥，配施磷、钾肥及硼锰等微量元素，防止开花结荚期徒长、倒伏或脱肥早衰，及时中耕或清沟培土，盛花期及时摘除黄叶、老叶，防止病菌蔓延，改善株间通风透光条件，减轻发病。合理施肥，适当控制氮肥的施用，补施磷钾肥。使油菜苗期健壮，薹期稳长，花期茎秆坚硬。

(7)药剂防治。稻油栽培区重点抓两次防治。一是子囊盘萌发盛期在稻茬油菜田四周田埂上喷药杀灭菌核萌发长出的子囊盘和子囊孢子；二是在3月上、中旬油菜盛花期油菜田选用38%恶霜菌酯水剂800倍液或41%聚砹嘧霉胺1 000倍液、倍乐溴可湿性粉剂1 000倍液、30%甲霜恶霉灵2 000倍液、50%扑海因可湿性粉剂1 500倍液、50%农利灵可湿性粉剂1 000倍液、50%甲基硫菌灵500倍液、20%甲基立枯磷乳油1 000倍液，也可用菜宝100ml对水15～20L，把油菜的根在药水中浸蘸一下后定植。提倡施用真菌王肥200ml，与多菌灵盐酸盐600g混合加水60L，于初花末期防治油菜菌核病，防效达85%。

(8)生物防治。及时摘除老黄病叶，开花后期摘除下部老黄脚叶、病叶，少数生长过旺的田块，可提前到盛花期进行。用神奇不朽和盾壳霉(*Coniothyrium minitans*)和木霉(*Trichoderma viride* 及 *T. harzianum*)效果较好，有希望推广。

(二)油菜病毒病

1. 症状

不同类型油菜上的症状差异很大。甘蓝型双低油菜苗期症状常见的主要为枯斑型和花叶型两种。前者先在老龄叶上出现，然后向新生叶上发展；后者主要在新生叶上表现。枯斑类型有点状枯斑和黄色大斑两种。前者病斑很小，直径0.5～3mm，表面淡褐色，略凹陷，中心有一黑点，迎光透视呈星藻状，叶背面病斑周围有1圈油渍状灰、黑色小斑点；后者病斑较大，直径1～5mm，斑淡黄色或橙黄色，全圆形、不规则形或环状，与健全组织分界明显(图4-2)。

枯斑症常伴随着叶脉坏死，使叶片皱缩畸形。花叶类型的症状与白菜型油菜症状相似，支脉和小脉半透明，叶片成为黄绿相间

图 4－2　油菜病毒病(左:大田;右:病株)

的花叶,有时出现疤斑,叶片皱缩。茎秆症状主要特点是在茎、枝上产生色斑,可分为条斑、轮纹斑和点状斑 3 种。

条斑症在茎枝一侧初出现 2～3mm 长的褐色至黑褐色菱形斑,中心逐渐变成淡褐色,病斑上下两端蔓延成为长条形枯斑,可以从茎基部蔓延至果枝顶部,病斑后期纵裂,裂口处有白色分泌物,条斑连片蔓延后常致植株半边或全株枯死。

轮纹斑在茎秆上初现菱形或椭圆形,长 2～10mm,病斑中心开始有针尖大的枯点,枯点周围有 1 圈褐色油渍状环带,病斑稍凸出,继续扩大,中心呈淡褐色枯斑,上有白色分泌物,外围有 2～5 层褐色油渍状菱形环带,形成多层同心轮纹斑。病斑大小为 1～10cm,病斑多时可连接成一片,使茎秆呈花斑状。

点状斑在茎秆上散生,黑色针尖大小点,斑周稍呈油渍状,病斑密集时,斑点并不扩大。

以上 3 种类型,以条斑形较普遍且严重,常引起植株严重矮化或枯死。

成株期植株症状:株型矮化、畸形,萎茎短缩,花果丛集,角果短小扭曲,有时似鸡爪状,角果上有小黑斑。

2. 毒源

油菜病毒病的病原，主要是油菜芜菁花叶病毒，其质粒细长，能侵害12个科中的近40多种植物，但主要为害的是十字花科植物，由桃蚜和甘蓝蚜等传播，蚜虫得毒后几分钟便可传毒，传毒有效期不超过20min，属非持久性的口针传毒型。除此之外，少数黄瓜花叶病毒、烟草花叶病毒也可传毒，但所占的比重不大。为害油菜的病毒是一种专性寄生物，它只能存活在活的寄主体。

3. 传播途径和发病条件

在我国冬油菜区病毒在寄主体内越冬，翌年春天由桃蚜、菜缢管蚜、棉蚜、甘蓝蚜等蚜虫传毒，其中桃蚜和菜缢管蚜在油菜田十分普遍，冬油菜区由于终年长有油菜、春季甘蓝、青菜、小白菜、荠菜等十字花科蔬菜和杂草，成为秋季油菜重要毒源。

我国冬油菜区一般都是秋季干旱，气温高有利于蚜虫繁殖为害，其病毒潜育期也短。苗期病毒重，成株期可能流行；秋季雨多、气温低，蚜虫发生少，病害也较轻。病毒发生轻重也与品种类型和栽培关系紧密。一般甘蓝型油菜抗病性较强；芥菜型油菜次之；白菜型油菜则较易感病。苗床靠近十字花科蔬菜地，附近杂草丛生，病毒来源多，病害也重。苗床期加强管理，注意灌溉，及时清除田间杂草，可以减轻发病。播种期也可影响发病，一般冬油菜区，播种早，如长江流域，白菜型早于10月上旬；甘蓝型早、中熟品种早于9月上、中旬发病重。因早播前期温度高，油菜最易感病的苗期正逢蚜虫发生盛期，故发病重。病毒及蚜虫均受外界环境的影响。若气温高、日照长、病毒在寄主体内的潜育期缩短，发病则早而重；反之，温度低，日照短，潜育期延长，发病则迟而轻。蚜虫在温暖干燥的条件下繁殖率快、活动力强，若冬季暖和、春季少雨，则死亡率便降低，存活力提高，相应地加速了病毒的侵染，使病情加剧。

新近研究指出TuMV和CMV除蚜虫传毒外，还发现有自然非蚜传株系存在，给防治带来困难。但对研究植物病毒又开拓了新领域。油菜栽培区秋季和春季干燥少雨、气温高，利于蚜虫大发生和有翅蚜迁飞,该病易发生和流行。秋季早播或移栽的油菜、春季迟播的油菜易发病。白菜型油菜、芥菜型油菜较甘蓝型油菜发病重。

4. 防治方法

(1)因地制宜选用抗病毒病的油菜品种。

(2)调节播种期根据当年9—10月雨量预报,确定播种期,雨少天旱应适当迟播,多雨年份可适当早播。

(3)油菜田尽可能远离十字花科菜地。适当迟播。苗床与本田应施足基肥、及时追肥、施用硼肥、控制氮肥用量。清除田边杂草。

(4)用25%种衣剂2号1∶50或卫福1∶100倍拌裹油菜,30d内可控制蚜虫、地下害虫为害,对防治病毒病有效。

(5)田间防蚜。苗床四周提倡种植高秆作物,可预防蚜虫迁飞传毒;用银灰色塑料薄膜或普通农膜及窗纱上涂上银灰色油漆,平铺畦面四周可避蚜;用黄色板诱蚜,每亩用6~8块,利用蚜虫对黄色趋性诱杀之。重点应放在越夏杂草和早播十字花科蔬菜上,防其把病毒传到油菜上。油菜3~6叶期治蚜很重要,应及时喷洒40%乐果乳油1 000~1 500倍液或50%马拉硫磷乳油1 000~1 500倍液、50%灭蚜净4 000倍液、20%氰·马乳油6 000倍液。

(6)发病初期喷洒杀菌农药和植物生长调节剂进行杀菌和抗病调节。如:2%氨基寡糖素水剂800倍液或三氮唑盐酸吗啉胍1 000倍液、植物生长调节剂芸薹素、赤霉素菜宝800倍液,隔10d 1次,连续防治2~3次。

(三)萎缩不实症

1. 症状

该病症状表现因土壤缺硼程度不同而有很大差异,重者幼苗萎缩死亡,轻者开花后不结实或部分不结实(图4-3)。

病株根系发育不良,须根不长,表皮变褐色,有的根茎部膨大、皮层龟裂。叶片初变为暗绿色,叶形变小,叶质增厚、变脆,叶端向

图 4-3　油菜萎缩不实症

下方倒卷,有的表现凸凹不平呈皱缩状。一般靠下方的中部茎、叶最先变色,并向上、下两方发展,先由叶缘开始变成紫红色,渐向内部发展,后变成蓝紫色;叶脉及附近组织变黄,叶面形成一块块蓝紫斑;最后叶缘枯焦,叶片变黄,提早脱落。花序顶端花蕾褪绿变黄,萎缩枯干或脱落。开花进程速度变慢或不能正常开放,随即枯萎;有的花瓣皱缩、色深,角果发育受阻;有的整个角果胚珠萎缩,不能发育成种子,角果长度不能延伸;有的角果中能形成正常种子,但呈间隔结实,角果较短,外形弯曲如萝卜角果。茎秆中、下部皮层出现纵向裂口,上部出现裂斑。角果皮和茎秆表皮变为紫红色和蓝紫色。

病株后期的株型可分为三大类型:

(1)矮化型病株。主花序和分枝花序显著缩短,植株明显矮化。角果间距缩短,外观如试管刷。中上部分枝的二、三、四次等分枝丛生,茎基部叶腋处也长出许多小分枝。成熟期病株上的全部或大部分角果不能结实,晚期出生的分枝仍在陆续开花。

(2)徒氏型病株。株高特别是主花序显著增长,株型松散。病株的少数或较多的角果不能结实。主花序顶部或晚期出生的次生分枝尚在陆续开花。

(3)中间型病株。株高、株型与正常植株间无明显差异。成熟期病株有少数或较多角果不能结实，晚期出生的分枝尚在陆续开花。

2. 病因

油菜喜硼，在生育过程中都必须有适宜的硼素营养才能保持发育良好、生长旺盛。缺硼素时，油菜的生长受阻，产生萎缩不实症。缺硼与土壤、品种以及栽培技术等关系密切。一是土壤缺硼土壤中红色黏土、紫色砂土、红黄泥田和流失性大、保水保肥能力差的地块土壤有效硼含量低于0.5mg/kg就会呈缺硼状态。二是长期干旱不仅土壤硼的固定作用增强，还会降低土壤有机硼化合物分解的生物活性，从而使土壤中有效硼的含量降低，加重油菜缺硼症。三是不合理的施肥使油菜体内与其他营养元素之间平衡失调会导致或加重缺硼症的发生。如偏施氮肥而不配施硼肥，常会导致缺硼症的加重发生；过量施用石灰或磷肥，使油菜吸收过多的钙元素，油菜体内钙、硼比率过高，会导致缺硼症的发生。四是迟播、迟栽比适期早播、早栽的发病重；连续种植油菜的田块和淹水、前茬为水田的菜田发病重；甘蓝型油菜较白菜型油菜发病重；不同熟期的甘蓝型品种发病程度不同，早熟品种较轻、中熟次之、迟熟最重。

3. 防治方法

(1)提倡施用酵素菌沤制的堆肥或腐熟的有机肥，采用配方施肥技术合理施用化肥，氮、磷、钾配合施用。严重缺硼的可亩施硼砂250～500g与底肥拌匀后穴施或撒施。从根本上改善土壤的理化性状，增加土壤有机质和土壤有效硼的含量。

(2)适期早播，培育壮苗早栽，促进油菜根系向纵深发展，扩大营养吸收面积。

(3)做好抗旱排渍工作，促进土壤有机硼的转化和释放，同时保持根系活力，提高吸收机能。

(4)适量施用磷肥，每亩施用量不超过40kg，在酸性土壤上忌大量施用石灰，防止土壤有效硼的固定和油菜体内钙、硼比例失调。

(5)增施硼肥。育苗期在栽前2～3d叶面喷施一次0.4%硼砂溶液,每亩苗床喷50L。本田施硼应根据土壤缺硼程度,在苗期缓苗后10d内、薹期和花期各喷硼防治1～2次,每亩每次用硼砂50～100g对水50kg叶面喷施。对严重缺硼的每亩用硼砂250～500g对水400～500kg稀释后淋蔸。配制硼砂溶液时,应先用少量热水将硼砂化开再配。提倡施用21%高效速溶硼肥,每亩100g可大幅度提高油菜产量。

(四)白锈病

1. 症状

整个生育期均可感病,为害叶、茎枝、花和角果等地上各部。苗期在叶片正面出现淡绿色小斑点,后变黄,并在病斑背面长出隆起的白漆色小疱斑,有时叶面也可长出白色疱斑,严重时疱斑连片布满全叶,疱斑破裂后散出白色粉末即病原菌的孢子囊,常常引起叶片枯黄脱落。茎和花轴上的白色疱斑多呈长圆形或短条状。由于病原菌的入侵,引起了寄生代谢作用发生病理变化,使蛋白质分解产生少量的色氨酸,其与内源酚类物质起反应或产生吲哚乙酸后,刺激幼茎和花轴发生肿大弯曲,形成龙头状。花器受害后,花瓣畸形、膨大、变绿呈叶状,久不凋落也不结实,表面长出白色疱斑。角果受害后亦同样长出白色疱斑(图4-4)。

2. 病原

是鞭毛菌亚门、白锈菌属的白锈病菌的真菌侵染所致。孢囊梗无色,单胞,棍棒状。孢子囊无色,单胞,近球形。卵孢子球形,黄褐色,厚壁,有不规则的瘤状突起,在龙头内形成最多。专性寄生,有生理分化现象,油菜、萝卜、芥菜的病菌为不同的生理小种。

3. 传播途径与发病条件

病菌以卵孢子或菌丝体在病组织中越冬。环境条件适宜时,卵孢子萌发,生出游动孢子,从叶片气孔或表皮直接侵入,并在发病部位产生大量孢子囊,借气流、灌溉水进行重复侵染。

图 4-4　油菜白锈病

病菌适于低温、高湿的环境条件，病菌产生孢子囊的最适温度为 8～10℃，孢子囊萌发适温为 7～13℃，最低 3～4℃，最高 25℃。在湿度大而温度为 8～13℃时，最适于病菌侵入。保护地的土质黏重，浇水过多，昼夜温差大，结露水重，有利于白锈病的发生和流行。

4. 防治方法

(1)轮作。实行与禾本科作物或非十字花科作物轮作制度，减少田间初侵染源，从而使病害减轻。

(2)种子处理。选择无病株留种或播种前后用 10%盐水选种，淘汰病瘪粒和混杂在种子内的卵孢子，盐水选种后的种子用清水洗净、阴干后播种。

(3)合理施肥。施足基肥，重施腊肥、早施薹肥，巧施花肥，增施磷钾肥，使植株生长健壮，防止贪青倒伏，可减轻发病。

(4)深沟排渍。灌溉地区在雨水较多时要及时排除田间积水，降低大田株间湿度，减少病害的蔓延。

(5)摘除病叶。抽薹后多次摘除病叶并将其带出田外沤肥或烧毁，以减少病菌侵染。

(6)栽种抗病品种。甘蓝型油菜对白锈病的抗性差异很大,各地可注意选择适于当地种植的抗病高产的单、双低油菜品种(系)。

(7)药剂防治。一般在苗期和抽薹期各喷1～2次药,在多雨年份,需适当增加喷药次数,常用药剂有5%二硝散可湿性粉剂200倍液,65%代森锌可湿性粉剂500倍液,50%退菌特可湿性粉剂800倍液,50%福美双可湿性粉剂800倍液。

(五)霜霉病

1. 症状

为害叶片形成多角形或不规则黄斑,病斑背面有霜状霉,后期病斑变褐,严重时干枯;为害茎秆初期为失绿至黑褐色不规则形病斑,病部长有霜状霉;为害花器,花器肥大畸形,花瓣变绿如叶状。花轴肿大呈"龙头"状,病部长有霜状霉层;角果受害后,潮湿时长有霜状霉(图4-5)。

图4-5 油菜霜霉病病叶

2. 病原

病原菌为鞭毛菌亚门霜霉菌属十字花科霜霉菌[*Peronospora parasitica*(Pers.)Fr]。孢囊梗双叉分枝,顶端着生一个孢子囊。孢子囊卵圆形,单胞。卵孢子球形,黄褐色,表面光滑或有皱纹。

霜霉病菌为专性寄生菌，以吸器在寄主细胞内吸收营养。高温、高湿环境有利病害发生。

3. 传播途径与发病条件

油菜霜霉病主要以卵孢子随病叶、病茎进入土壤、粪肥，也可混杂于种子内越夏。秋季卵孢子发芽侵染秋播幼苗，引起幼苗发病。秋苗发病后，产生孢子囊，随风、雨传播，进行再侵染。孢子囊飞散到油菜寄主上后，遇有水滴，15℃温度下经 6h 则可萌发；12h 后芽管顶端形成附着胞，长出侵染丝侵入寄主，病菌在寄主体内潜育 3～4d 后又产生孢子囊。冬、春温度降至 5℃以下，病菌停止发育，以菌丝体在病株中越冬。春季气温回升，菌丝重新产生孢子囊，进行多次再侵染。油菜成熟前，菌丝在植物体内形成卵孢子。霜霉病的发生受温度和降雨的影响较大，温度决定病害发生期，雨量决定病害严重程度。秋季气温低，不利于孢子囊萌发和侵染，苗期发病轻，仅有子叶和近地面的真叶发病；冬季菌丝处于越冬状态，春季气温升至 10～20℃，若遇雨，易造成病害流行。连作地块或前茬为蔬菜的地块因菌源量大，病害重。氮肥施用过多、过迟，植株贪青徒长，组织柔嫩，后期倒伏，田间郁闭，易造成病害流行。一般早播较晚播发病重。

4. 防治方法

(1)农业防治。选用丰产、抗病品种；发现有花枝肿胀时，应及时剪除，并将其带出田外或者深埋；开深沟排水除湿，中耕松土，减少菌源。

(2)药剂防治。苗期用 1∶1∶200 倍的波尔多液喷于叶片的背面，防治 1～2 次即可；初花期当病叶率达 10%时进行第一次防治，隔 5～7d 再防治 1 次。如阴雨天气多，防治 3 次较好。常用药剂有 50%瑞毒霉可湿性粉剂 800～1 000倍液、75%百菌清可湿性粉剂 600 倍液。

二、主要虫害

(一)蚜虫

油菜上蚜虫主要有3种:萝卜蚜又名菜缢管蚜;桃蚜又名烟蚜、桃赤蚜;甘蓝蚜又名菜蚜。属同翅目蚜科(图4-6)。

图4-6 油菜蚜虫

1. 形态特征

萝卜蚜有翅胎生雌蚜体长1.6～1.8mm,黄绿色,有稀少白粉。头、胸部黑色,有光泽,各腹节两侧有黑斑,腹管下方数节为黑色横带。腹管短,稍长于尾片,圆筒形,淡黑色,中部膨大,末端缢缩如瓶颈;尾片圆锥形、较短。无翅胎生雌蚜体长1.7～1.9mm,黄绿色,有少量白粉,腹部背面各节有浓绿色横纹,两侧各有一纵列小黑点,腹管、尾片与有翅型相似。

桃蚜有翅胎生雌蚜体长2mm左右,黄绿、赤褐、褐色。头胸黑色,腹部背面有淡黑色横纹。腹管黑色,细长,较尾片长1倍以上,圆筒形,中部后方略膨大,并有瓦片纹。无翅胎生雌蚜体长1.35～1.95mm,卵圆,黄绿、赤褐、橘黄色。腹管、后片与有翅型相似。

甘蓝蚜有翅胎生雌蚜体长2.2mm左右,黄绿色,被有白粉,腹部背面有数条黑绿色横带。体侧各有 5 个黑点。腹管黑色，短而粗，中部显著膨大，尾片短、圆锥形，基部稍凹缢。无翅胎生雌蚜体长 2.5mm，暗绿色，有白粉覆盖。腹背面各节有断续横带，腹管、尾片与有翅型相同。

2. 为害特点

3 种蚜虫常混合发生，以成、若蚜群集在油菜的幼苗、嫩叶、嫩茎和近地面的叶片上，吸食汁液，翻起叶片常在叶背看到很多蚜虫。油菜蚜虫繁殖力极强，取食量大，因而使油菜叶片大量失水，营养不良，生长缓慢，叶面卷曲皱缩，绿色部分不均或发黄，这 3 种蚜虫在取食为害的同时，还可通过口针，向油菜传播多种病毒，主要是芜菁花叶病毒，其次是黄瓜花叶病毒和烟草花叶病毒，除为害油菜外，还能为害萝卜、白菜等十字花科蔬菜。

3. 发生规律

桃蚜一年发生 20 多代，萝卜蚜一年发生 30 多代。两种蚜虫在冬季田间（油菜等十字花科蔬菜）都有发生，秋季迁入油菜田。盛期一般是在 10—11 月中旬，因此，油菜播栽越早，从其他作物上（十字花科等）飞来的蚜虫越多，受害就越重。萝卜蚜由于适温范围比桃蚜广，故秋后油菜上以萝卜蚜居多，而春季又以桃蚜居多。如果秋季和春季天气干旱，往往能引起蚜虫大发生；反之，阴湿天气多，蚜虫的繁殖则受到抑制，发生为害则较轻。

4. 防治方法

（1）药剂防治。应抓住 3 个时期施药：第一是苗期（3 片真叶）；第二个时期是本田的现蕾初期；第三个时期，在油菜植株有一半以上抽薹高度达 10cm 左右。但这 3 个时期也要看蚜虫数量多少决定施药，尤其是结荚期应注意蚜虫发生，如果数量较大，仍要施药防治。药剂选用 40%巨雷乳油 1 000～1 200倍液或 20%好年冬乳油 1 000～1 500倍液。

（2）黄色板诱杀。秋季油菜播种后，在油菜地边设置黄色板，方法是用 0.33m² 大小的塑料薄膜，涂成金黄色，再敷 1 层凡士林或机油，然后张架在四间，色板高出地面0.5m，可以大量诱杀有翅蚜。

(3)选择抗虫品种。选用抗蚜虫及病毒病发生较轻的品种。国外研究表明，芸薹植物组织中抗坏血酸和硫代葡萄糖苷含量高的，抗蚜性也较强。

(4)生物防治。要注意保护天敌，使之在田间的数量保持在总蚜量的1%以上，蚜茧蜂、草青蛉、食蚜蝇以及多种瓢虫等是田间蚜虫的重要天敌。

(二)菜粉蝶

菜粉蝶又名菜青虫、菜白蝶、白粉蝶，属鳞翅目粉蝶科(图4-7)。

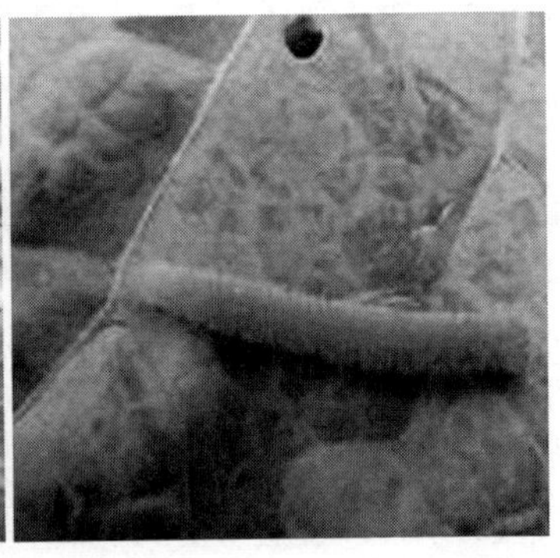

图4-7 油菜菜粉蝶危害

1. 形态特征

成虫体长10～20mm，翅展45～55mm。雄虫身体乳白色，雌虫为淡黄色。体色和体型大小、四季稍有差异。

头、胸部黑色，复眼深褐色。翅白色，基部灰黑色，翅顶部深黑色。下方有2个黑色斑纹。腹部狭长，有7节，与翅色相同。

卵瓶形，长1mm，宽0.4mm。初为淡黄色，后变为橙黄色，表面有较规则的纵横隆起纹，形成长方形网状小格。

老熟幼虫长28～35mm。头、胸部背面青绿色，背绒黄色。胸部圆筒形，中部稍膨大。各节气门线以上部分密生细长瘤，气门褐色，每节气门线上有2个黄斑，一为环状，围绕气门，另一个在气门后方。

蛹纺锤形，两端尖细，背线稍隆起，头部前端中央有一管状突起。体长18～21mm。蛹色随附着物不同而有差异，一般附着在菜叶上化蛹者常为浅绿色或灰绿色，附着在墙体或树干上化蛹者，常为灰黄色或暗绿色。

2. 为害特点

幼虫咬食寄主叶片，2龄前仅啃食叶肉，留下一层透明表皮，3龄后蚕食叶片孔洞或缺刻，严重时叶片全部被吃光，只残留粗叶脉和叶柄，造成绝产，易引起白菜软腐病的流行。菜青虫取食时，边取食边排出粪便污染。幼虫共5龄，3龄前多在叶背为害，3龄后转至叶面蚕食，4～5龄幼虫的取食量占整个幼虫期取食量的97%。

3. 生活习性和发生规律

菜粉蝶的寄主有油菜、甘蓝、花椰菜、白菜、萝卜等十字花科蔬菜，尤其偏嗜含有芥子油苷、叶表光滑无毛的甘蓝和花椰菜。它出来活动较早，在北方早春见到的第一只蝴蝶常常是菜粉蝶。

雌菜粉蝶交尾之后，约2d后产卵，每次只产1粒卵，边飞边产，少则只产20粒，多则可产500粒。

卵期2～11d。幼虫大多在清晨孵化，出壳时，幼虫在卵内用大颚在卵尖端稍下处咬破卵壳外出。幼虫杂食性，初孵幼虫，把卵壳吃掉，再转食十字花科植物食菜叶。身体为青绿色，所以人们叫它菜青虫，又名青虫、菜虫。

成虫白天活动，以晴天中午活动最盛，寿命2～5周。产卵对十字花科蔬菜有很强趋性，尤以厚叶类的甘蓝和花椰菜着卵量大，夏季多产于叶片背面，冬季多产在叶片正面。卵散产，幼虫行动迟缓，不活泼，老熟后多爬至高燥不易浸水处化蛹，非越冬代则常在植株底部叶片背面或叶柄化蛹，并吐丝将蛹体缠结于附着物上。

菜粉蝶以蛹越冬，一般选在背阳的一面。翌春4月初开始陆续羽化，边吸食花蜜边产卵，以晴暖的中午活动最盛。卵散产，多产于叶背，平均每雌产卵120粒左右。卵的发育起点温度8.4℃，有效积温56.4℃，发育历期4～8d；幼虫的发育起点温度6℃，有效积温217℃，发育历期11～22d；蛹的发育起点温度7℃，有效积温150.1℃，发育历期（越冬蛹除外）5～16d；成虫寿命5d左右。菜青虫发育的最适温度2～25℃，相对湿度76%左右，与甘蓝类作物发育所需温湿度接近，因此，在北方春（4—6月）、秋（8—10月）两茬甘蓝大面积栽培期间，菜青虫的发生亦形成春、秋两个高峰。夏季由于高温干燥及甘蓝类栽培面积的大量减少，菜青虫的发生也呈现一个低潮。

4. 防治方法

（1）清洁田园。十字花科蔬菜收获后，及时清除田间残株老叶和杂草，减少菜青虫繁殖场所和消灭部分蛹。深耕细耙，减少越冬虫源。

（2）注意天敌的自然控制作用。保护广赤眼蜂、微红绒茧蜂、凤蝶金小蜂等天敌。在绒茧蜂发生盛期用每克含活孢子数100亿以上的青虫菌，或Bt可湿性粉剂800倍液喷雾。

（3）生物防治。在幼虫2龄前，药剂可选用Bt 500～1 000倍液，或用1%杀虫素乳油2 000～2 500倍液，或用0.6%灭虫灵乳油1 000～1 500倍液等喷雾。

（4）化学防治。低龄幼虫发生初期，喷洒苏芸金杆菌800～1 000倍液或菜粉蝶颗粒体病毒每亩用20幼虫单位，对菜青虫有良好的防治效果，喷药时间最好在傍晚；幼虫发生盛期，可选用20%天达灭幼脲悬浮剂800倍液、10%高效灭百可乳油1 500倍液、50%辛硫磷乳油1 000倍液、20%杀灭菊酯2 000～3 000倍液、21%增效氰马乳油4 000倍液或90%敌百虫晶体1 000倍液等喷雾2～3次。由于菜青虫世代重叠现象严重，3龄以后的幼虫食量加大、耐药性增强。因此，施药应在2龄之前，药剂可选用2.5%菜喜悬浮剂1 000～1 500倍液，或用5%锐劲特悬浮剂2 500倍液，或用10%除尽悬浮剂2 000～2 500倍液，或用24%美满悬浮剂2 000～2 500倍液，或用40%新农宝乳油1 000倍液，或用3.5%锐丹乳油800～1 500倍液，或用20%斯代克悬浮剂2 000倍液等喷雾，或用2.5%敌杀死乳油3 000倍液，或用2.5%保得乳油2 000倍液，或用10%歼灭乳油1 500～2 000倍液，或用2.5%好乐士乳油2 000～3 000倍液，或用2.5%大康乳油2 000～3 000倍液，或用5.7%天王百树乳油1 000～1 500倍液，或用25%广治乳油600～800倍液，或用3.3%天丁乳油1 000倍液，或用52.25%农地乐乳油1 000倍液，或用55%农蛙乳油1 000倍液等喷雾。

（三）黄曲条跳甲

1. 形态特征

成虫黑色，有光泽，体长1.8～2.4mm。触角11节，第五节较长，第一二或第二三节棕黄色，其他为黑色。每鞘翅上有1条弯曲的黄色纵条纹，条纹外侧凹曲很深。卵椭圆形，长0.3mm左右，淡黄色。

老熟幼虫体长4mm，圆筒形，头部淡褐色，胸腹部黄白色，前胸盾板和腹末臀板淡褐色。胸腹部疏生黑色短刚毛，末节腹面有一乳头状突起。蛹长椭圆形，长约2mm，乳白色，腹末有一叉状突起。

2. 为害特点

黄曲条跳甲以油菜、甘蓝、白菜、芥菜等十字花科蔬菜为主，但也为害茄果类、瓜类、豆类蔬菜。黄曲条跳甲每年有春夏和冬季两个为害高峰期，常由于冬季蔬菜较多(特别十字花科菜较多)，食料丰富，温湿度非常适宜，为害猖獗：成虫啃食叶片，造成叶片孔洞、光合作用降低，最后只剩叶脉，甚至死亡；幼虫于土中咬食根皮，使根系吸水，肥力下降。致使菜农大量喷药，造成农药残留十分严重，且常常收不到理想的灭虫效果(图4－8)。

图 4-8　黄曲条甲危害状

3. 生活习性与发生规律

(1)生活习性。黄曲条跳甲在我国 1 年发生 4～8 代。冬季 10℃以上,成虫仍能出土在叶背取食为害。成虫善于跳跃,中午前后活动最盛,略有趋光性,具有明显趋黄色和嫩绿色的习性,对黑光灯敏感。成虫寿命长,产卵期长达 1 个月以上,致使发生不整齐、世代重叠。成虫喜产卵于支柱根部周围土壤空隙处,平均每雌虫产卵 200 粒左右。卵的孵化需要较高的温度,20℃时卵期为 4～9d。初孵幼虫先在植株主根或较粗的支根上啃食表皮,2 龄后期,部分幼虫钻入皮下为害。老熟幼虫离根做土室化蛹。羽化成虫爬出土面为害。

幼虫在土中孵化、取食、发育、化蛹,在 3～5cm 的表土层啃食根皮,幼虫期 11～16d,老熟幼虫在土中 3～7cm 深处做土室化蛹,蛹期 20d。

(2)发生规律。适温范围为 21～30℃,在此范围内成虫活动、取食最盛,生产率最高。1 年中以春、秋两季发生严重,秋季较重。中午阳光强烈时,成虫大多会潜回土中,8:00—10:00、16:00—18:00成虫取食活动较频繁,尤以下午活动较强。高湿的气候条件

下发生较严重，湿度高的田块发生重。十字花科作物连作地重于与非十字花科蔬菜连作地，旱地轮作地重于水旱轮作地

4. 防治方法

根据黄曲条跳甲的生物学特性，防治对策应以农业防治为主，压低虫源基数，再辅以必要的药剂防治。

【农业防治】

(1)土壤处理。播前深耕晒土，并可根据后茬蔬菜的需求撒施适量的石灰或草木灰，消灭部分土中的蛹、卵和幼虫。

(2)清洁田园。黄曲条跳甲以成虫在落叶和杂草中越冬，冬季清除菜地残株落叶，铲除田间沟边杂草，消灭其越冬场所，减少越冬虫源。

(3)实行轮作。在蔬菜生产基地许可的情况下，采取水旱轮作，尽量避免与十字花科蔬菜连作，中断害虫的食物供给时间，可减轻为害。

(4)培育抗虫品种。由于黄曲条跳甲对化学农药容易产生抗性，所以利用作物抗虫品种来防治黄曲条跳甲是最经济有效的方法。

【物理防治】

黄曲条跳甲成虫具有趋光性及对黑光灯敏感的特点，可在蔬菜种植区安装黑光灯诱杀成虫，具有一定的防治效果。还可利用黄色粘虫板诱杀黄曲条跳甲成虫，黄色粘虫板距地面 25cm 具有较好的引诱效果，可以有效降低成虫数量，避免化学农药的大量使用。

【生物防治】

利用寄生蜂、螨类及病原线虫等多种黄曲条跳甲天敌的自然控制作用来防治黄曲条跳甲，具有较好的控制效果，目前在生产上未广泛应用，有待进一步研究推广。

【化学防治】

(1)土壤消毒。根据黄曲条跳甲的发生规律，蔬菜生产过程中

应注重苗前处理。翻土播种时，用18%杀虫双400倍液浇淋土壤1～2次，或撒施5%辛硫磷颗粒剂30～45kg/hm²，可杀死土中的幼虫和蛹，持效期在20d以上。

(2)药剂拌种。先用5%锐劲特种衣剂拌蔬菜种子，按比例(锐劲特：种子=1：10)搅拌均匀，晾干后即可播种，能杀灭土壤表层根区内的黄曲条跳甲幼虫。

(3)药剂防治。根据作物的生长情况，选准药，交替使用农药，使用高效、低毒、低残留农药，达到事半功倍的效果。成虫的防治可选用：Bt乳剂，用药1 500g/hm²；灭幼脲1号、3号500～1 000倍液；40%菊杀乳油2 000～3 000倍液；10%氯氰菊酯乳油2 000～3 000倍液；2.5%溴氰菊酯乳油2 500～4 000倍液；50%二嗪农乳油1 000～2 000倍液等。

防治黄曲条跳甲幼虫，于菜苗出土后立即进行调查，在幼龄期及时用药剂灌根或撒施颗粒剂防治，可选用：5%锐劲特悬浮剂300～450ml/hm²；48%毒死蜱乳油1 000倍液；3%米乐尔颗粒剂22.5～30kg/hm²；5%辛硫磷颗粒剂30～45kg/hm²等。

(4)植物次生物质的利用。黄曲条跳甲偏嗜十字花科蔬菜，与十字花科蔬菜所分泌的植物次生物质—烯丙基异硫氰酸酯硫代葡萄糖甘和芥子酸有关，并决定了其对寄主的选择习性。而利用一些非嗜食寄主的植物次生物质对黄曲条跳甲具有忌避、拒食活性，具有与化学杀虫剂不同的拒食、忌避等作用方式，害虫不易产生抗药性，在环境中易分解，对人畜一般不会造成毒害，对主要天敌安全，具有良好的发展前景。

防治黄曲条跳甲要做到标本兼治，既要杀死成虫，又要杀死土壤中的幼虫。黄曲条跳甲成虫善跳跃，遇惊动即跳走，多在叶背、根部、土缝处等栖息，取食多在早晨和傍晚，且在强光时聚集菜心基部及土表中，阴雨天不太活动，因此要掌握好施药时间和技巧。一般在10:00前或16:00后喷药，此时成虫出土后活跃性较差，药效好。喷药时要连片同时进行，采用包围喷施，以防成虫逃窜。

三、病虫害的综合防治

实施油菜病、虫、草害的综合防治，以有效控制病虫为害和控制农药残留，改善和优化油菜田间生态系统。它包括以下六大内容：

（一）农业防治

农业防治是指通过一系列农业技术措施，优化油菜的生态环境，创造有利油菜生长发育而不利于有害生物发生与为害的一种防治方法。农业防治措施包括5个方面。

1. 选用优质双低油菜抗病品种

要因地制宜选用甘蓝型杂交抗病丰产良种，这是最经济有效的防病措施。播种前可采用筛选、溜选等办法清除秕粒和混在种子中的菌核。

2. 合理轮作

合理轮作不仅能提高双低油菜本身的抗逆能力，而且能够使潜藏在地里的病原物经过一定期限后大量减少或丧失侵染能力。油菜可以与水稻轮作，也可以与小麦、大麦等隔年种植，可以有效地防治油菜菌核病、霜霉病。

3. 培育无病虫壮苗

一是要把好种子质量关，如从无病地无病株上留种；选用无病种子；进行温汤浸种、药剂拌种或种衣剂等方法进行种子处理，杀灭潜伏、依附于种子上的病源，提高种子生产的安全性；二要选好苗床，培育壮苗。选前作为非十字花科蔬菜地并远离十字花科蔬菜的田块作苗床，并清理田块四周杂草；三要适期播种，加强管理，培育壮苗；四要消灭菌源。播种前要深翻土地，深埋菌核，早春结合中耕培土破坏子囊盘。同时结合苗床管理，拔除病苗、劣苗；五要进行安全育苗，要狠抓苗期治蚜防病。蚜虫是油菜病毒病的传毒介体，而油菜幼苗最易感染病毒病，预防油菜幼苗感病防治。在油菜未播种前，应对其他寄主上的蚜虫普治1次，以消灭传毒的介体。油菜在未移栽前，要勤查虫，当发现有蚜虫时，应立即进行药剂防治。可选用5%一遍净1 500倍液喷雾防治。

4. 科学地进行肥水管理

要根据土壤肥力特点，开展平衡施肥，优化配方施肥技术，要施足底肥，增施磷钾肥，增强植株抗病力；要深沟高畦，合理密植；看天、看地、看苗进行合理浇水，雨水过多时，及时开沟排渍，降低田间湿度，使植株生长健壮，增强抗病力。要防止漫灌，避免田间湿度偏大，导致病害流行；油菜开花前摘除老黄病叶并带出田间集中处理，并根据土壤缺硼的实际情况，在苗床和本田喷施硼砂或硼酸1～2次。可有效治疗因缺硼引起的"萎缩不实病"、"花而不实病"。

5. 清洁环境

栽培过程中要及时摘除病叶、虫株残体，拔除中心病株。油菜收获后，就要及时进行清洁田园的工作，消灭病虫源。要及时清除废弃秸秆、病株、残叶，防止病菌依附在油菜残余物上散落田间，进入土壤后，成为后茬的侵染源。对病田用过的农机具、工具、架材也要进行彻底消毒。

（二）物理防治

1. 防虫网覆盖育苗

防虫网是以优质聚乙烯为原料，经拉丝织造而成，形似窗纱，具有抗拉强度大、抗热、耐水、耐腐蚀、无毒、无味等优点，其防虫原理是采用以人工构建的隔离屏障，将害虫拒之于网外，达到防虫保菜之目的。另外，防虫网的反射、折射光对害虫还有一定的驱避作用。

油菜移栽育苗采用防虫网全程覆盖（图4－9），能有效地隔离多种害虫的为害，可不用或少用农药，减少化学农药使用量。防虫网覆盖前须清理田间杂草，清除枯枝残叶，在播种或移栽前用药剂进行土壤处理，尽可能地减少地下害虫的发生，切断害虫的传播途径。整个生长期要将防虫网四周压实封严，防止害虫潜入产卵繁殖为害。

图 4－9　油菜防虫网覆盖育苗

据宁波市慈溪等地试验，防虫网的目数不宜过大，一般以顶部采用大棚防雨膜，裙边用 20 目左右（目前推荐使用 24～30 目，蔬菜上用 40 目较多）的银灰色防虫网的覆盖方式较为实用。目数过大，起不到应有的防虫效果。

2. 灯光诱杀

用白炽灯、黑光灯、高压汞灯等灯光诱杀有趋光性的农作物害虫，已有较长的历史。频振式杀虫灯利用了害虫较强的光、波、色、味的特性，将光波设在特定的范围内，近距离用光，远距离用波，加以色和味引诱成虫扑灯，灯外配以频振高压电网触杀，使害虫落袋，达到降低田间落卵量，压缩虫基数之目的。试验研究表明，频振式杀虫灯对多种害虫都有很好的诱杀效果，涉及 17 科 30 多种，诱杀到的害虫主要有黄曲条跳甲、蚜虫等，但对天敌也有一定的杀伤力，如草蛉、瓢虫、隐翅虫、寄生蜂等，但诱杀到的天敌数量较少，显著低于高压汞灯、黑光灯，不足以影响昆虫的整个生态平衡（图 4－10）。

目前，使用较普遍的频振式杀虫灯，一般每 4hm^2 瓜田设置 1

图 4-10　频振式杀虫灯诱杀油菜害虫

盏杀虫灯，以单灯辐射半径 120m 来计算控制面积，将杀虫灯吊挂在固定物体上，高度应高于农作物，以 1.3～1.5m 为宜(接虫口的对地距离)。

3. 性信息素诱杀

害虫性信息素及诱捕器主要通过大量诱杀害虫雄蛾，破坏害虫种群的正常雌雄性别比，同时由于雄蛾长时间处于高浓度性信息素刺激下，无法正确定位性成熟的处女蛾(迷向效应)，干扰害虫的正常交配活动，从而降低了雌蛾的交配几率、减少落卵量及有效卵量(受精卵)，达到控制害虫种群的目的。田间的控害效果具有明显的叠加效应，即愈早使用对害虫的主害代的控制效果愈理想。

性信息素是一种通过调节昆虫行为，定向诱杀害虫，具有防治对象专一，保护天敌，对人类无害的优点，能有效地降低虫口密度，减少农药使用量，节省防治成本。通过几年来的应用表明，对害虫的种群动态、蛾量监测和种群数量控制成效显著，减少田间施药次数。

在田间设置专用诱捕器，每亩 2 个，各诱捕器间隔 40m 左右，每个诱捕器放置性诱剂1～2枚(根)。现有的专用诱捕器为圆桶形(图4－11),均需使用转换接口外接可乐瓶等作为贮虫设备,瓶中最好灌适量的肥皂水,定期检查诱蛾量并及时清洁。

图4－11　性诱器诱杀油菜害虫

在田间设置大量的性诱剂诱杀田间雄蛾,能导致田间雌雄蛾比例严重失调,减少雌雄蛾间的交配几率,减少田间落卵量,使下一代虫口密度大幅度降低。然而,在田间开放环境下使用昆虫性信息素,虽然雄蛾密度降低了,但由于外来雄蛾不断飞入,难以杜绝为害。

4. 色胶板诱集

色胶板诱集是一种非化学防治措施(图4－12),它利用害虫特殊的光谱反应原理和光色生态规律,从作物苗期和定植开始,在害虫可能暴发的时间持续不间断地诱杀害虫,既能及时监测田间害虫数量变动,又可避免和减少使用杀虫剂,对环境安全,并有利于害虫的天敌生长。

目前,广泛应用的有黄色粘胶板和蓝色粘胶板,将黄板或蓝板涂上机油(或凡士林等),置于高出植株30cm处,黄板诱杀蚜虫、烟粉虱、斑潜蝇、蓟马等“四小害虫”,蓝板诱集棕榈蓟马。据研究,

图 4-12　色胶板诱集害虫

不同周长的黄板对烟粉虱和斑潜蝇的诱集量是有影响的，一般集中在粘胶板的边缘，板的中间较少，如同样面积，将粘胶板做成长条状，诱虫效果比方形更好。

5. 糖醋毒液诱蛾

利用害虫的趋化性，配制适合某些害虫口味的有毒诱液，诱杀害虫。当前应用较广的为糖醋毒液，通常的配方比例为糖：醋：酒：水＝3：4：1：2，加入液量5％的90％晶体敌百虫。可有效诱杀害虫。

另外，应用银灰色反光膜可有效驱避蚜虫，减轻病毒病发生和传播。

（三）生物防治

采用植物源农药和生物农药。

1. 保护和利用天敌

油菜害虫的主要天敌有瓢虫、草蛉、食蚜蝇、猎椿、蜘蛛等捕食性天敌和赤眼蜂、丽蚜小蜂等寄生性天敌。瓢虫可防治蚜虫、红蜘蛛等害虫；草蛉可防治蚜虫、烟粉虱、蓟马等害虫；丽蚜小蜂可防治小菜蛾等。生产上应因地制宜加以保护和利用。

2. 利用生物源、植物源农药防治病虫害，同时要注意减轻对天敌的影响

选用细菌杀虫剂如苏云金杆菌，真菌杀虫剂白僵菌，病毒杀虫剂如核型多角体病毒、质型多角体病毒、颗粒体病毒、NPV 病毒等，农用抗菌素如阿维菌素（Abamectin）、依维菌素（Ivermectin）、农用链霉素、新植霉素，及苦参碱、苦楝素、烟碱等植物源农药可有效防治油菜害虫，且对天敌的影响较少，有利于保护和利用天敌。

（1）植物源农药。主要有苦参碱、茴蒿素、印楝素、烟碱、鱼藤酮、藜芦碱、除虫菊类等。

（2）微生物农药。主要有苏云金杆菌（Bt）等真菌类（白僵菌、绿僵菌、虫霉等）、银纹夜蛾核多角体病毒［如奥绿一号（NPV）］、甜菜夜蛾核多角体病毒、小菜蛾颗粒体病毒、生物复合病毒杀虫剂等。

（3）抗生素类农药。主要有阿维菌素、甲氨基阿维菌素、多杀菌素、浏阳霉素等。

3. 利用生物制剂防治病害

目前应用的生物制剂有井冈霉素、农抗 120、春雷霉素、多抗霉素、宁南霉素、农用链霉素、中生霉素等。

（四）化学防治

1. 严格执行国家和各地有关农药使用规定

我国在农药生产使用领域先后颁布了国务院《农药管理条例》、农业部《农药管理条例实施细则》、《农药合理使用准则》（GB 8321）、《农药安全使用规定》（GB 4285—1989）以及农业部等五部委关于《蔬菜严禁使用高毒农药，确保人民食用安全的通知》等法规文件，明确规定了蔬菜产区严禁使用高毒、高残留农药。浙江省人民政府办公厅〔2001〕34 号《关于禁止销售和使用部分高毒、高残留农药的意见》进一步规范了蔬菜产区农药使用的科学管理。农业部第 322 号公告自 2007 年 1 月 1 日起，撤销含有甲胺磷等 5 种高毒有机磷农药的制剂产品的登记证，全面禁止甲胺磷等 5 种

高毒有机磷农药在农业上使用。

2. 禁止在油菜生产上使用的农药品种

农业部于2002年5月24日发布了199号公告:明令禁止使用的农药品种有:六六六(HCH),滴滴涕(DDT),毒杀芬、二溴氯丙烷、杀虫脒、二溴乙烷(EDB),除草醚、艾氏剂、狄氏剂、汞制剂、砷、铅、敌枯双、氟乙酰胺、甘氟、毒鼠强、氟乙酸钠、毒鼠硅;在蔬菜、果树、茶叶、中草药材上不得使用和限制使用的农药:甲胺磷、甲基对硫磷、对硫磷、久效磷、磷胺、甲拌磷、甲基异柳磷、特丁硫磷、甲基硫环磷、治螟磷、内吸磷、克百威、涕灭威、灭线磷、硫环磷、蝇毒磷、地虫硫磷、氯唑磷、苯线磷等19种高毒农药。任何农药产品都不得超出农药登记批准的使用范围使用。

3. 及时用药、安全用药

在发病初期,尤其是油菜进入抽薹开花期发病,必须及时施药,以控制菌核病、霜霉病、白锈病等病害的扩展为害。多雨时应抢晴喷药,并适当增加喷药次数。在用药种类上,要积极选用高效、低毒、低残留化学农药品种。

(1)昆虫生长调节剂。主要有定虫隆、氟虫脲、丁醚脲、虫酰肼、氟铃脲、除虫脲、灭蝇胺等。

(2)杀虫剂。主要有吡虫啉、啶虫脒、虫螨腈、辛硫磷、氰戊菊酯、氯氰菊酯、溴氰菊酯、联苯菊酯、氟氯氰菊酯、三氟氯氰菊酯等。由于菊酯类农药在蔬菜上使用时期较长,有些害虫如小菜蛾等对氰戊菊酯、氯氰菊酯已产生抗药性,防效下降。含氟类菊酯的防治效果较好。

(3)杀螨剂。主要有哒螨灵、炔螨特、噻螨酮等。

(4)杀菌剂。无机杀菌剂有如氢氧化铜、氧化亚铜等;合成杀菌剂有代森锰锌、多菌灵、甲基硫菌灵、噻菌灵、百菌清、三唑酮、烯唑醇、戊唑醇、乙唑醇、腈菌哇、乙霉威·硫菌灵、腐霉利、异菌脲、霜霉威、烯酰吗啉·锰锌、霜脲氰·锰锌、盐酸吗啉胍、恶霉灵、噻菌铜、咪鲜胺、咪鲜胺锰盐、抑霉哇、氨基寡糖素、甲霜灵·锰锌等。

4. 科学合理使用农药

(1)合理轮换和混用农药，防治时严格按照 GB 4285、GB/T 8321 和 NY/T 1276 执行。

(2)掌握病虫发生规律，对症下药、适时用药。加强预测预报工作，及时掌握病虫的发生规律，达到防治指标时要适时用药防治。鳞翅目害虫以低龄若虫发生高峰期、病害以发病初期防治效果较好。根据油菜不同病虫选择相应的农药品种，既要有效控制油菜的有害生物发生与为害，在经济允许水平以下，又要考虑对天敌、环境、作物品质的影响，尽可能选择副作用小的农药品种。

(3)适时进行农药防治，科学用药。早发现，早防治；连续用药，维持药效；轮换用药，避免产生抗药性；发挥药效，减少药害；安全用药，防止中毒。

油菜主要病虫害及化学防治方法见表 4－16。

表 4－16 油菜主要病虫害及化学防治方法

防治对象	中文通用名	含量、剂型及倍数	使用方法	安全间隔期 d	每季最多使用次数
菌核病	甲基硫菌灵	70%WP 500 倍液	喷雾	14	3
	多菌灵	50%WP 400 倍液	喷雾	15	2
	异菌脲	50%WP 1 200 倍液	喷雾	10	2
霜霉病	烯酰吗啉	50%WP 2 000 倍液	喷雾	20	4
	醚菌酯	50%DF 3 000 倍液	喷雾	3	3
白锈病	百菌清	75%WP 500 倍液	喷雾	14	3
	代森锌	43%WP 500～600 倍液	喷雾	15	3
蚜虫	吡虫啉	70%WG 10 000 倍液	喷雾	7	2
	吡虫啉	10%WP 2 000 倍液	喷雾	7	2
菜青虫	定虫隆	5%EC 1 500～2 000 倍液	喷雾	7	3
	氟虫脲	5%EC 2 000～2 500 倍液	喷雾	10	1
潜叶蝇	灭蝇胺	50%WP 2 000～2 500 倍液	喷雾	7	2

第六节 油菜籽的适时收获、干燥与安全贮藏

一、油菜籽的适时收获

适时收获是油菜籽生产的重要环节。收获过早,角果的成熟度低,种子中油分转化不充分,含油率低,种子不饱满,品质差、产量低。收获过迟,角果容易炸裂,落粒严重。由于植株各部位的角果和种子的成熟有先有后,所以判断油菜成熟程度,确定适宜的收获期时,应根据整个植株的茎叶状况、果皮色泽和种子成熟程度来决定。

1. 人工收获

人工收获是传统的收获方式。

(1)收获适期的确定。油菜籽成熟过程通常可分为绿熟、黄熟和完熟 3 个时期。绿熟时期,大部分种子仍现绿色,籽粒较软,收获嫌早。完熟期虽大部分种子均熟透,但收割时角果易炸裂造成损失。故当油菜达到黄熟期时收获最适宜。黄熟期的标志是:主茎呈淡绿色,叶片脱落,主花序角果多呈鲜亮的枇杷黄色;中上部分枝角果为黄绿色;籽粒由绿色转为紫红色或暗褐色,籽粒饱满、硬化。当全田 70%～80%的角果呈现黄色时即为黄熟期。黄熟期收获的籽粒,经一段时间的后熟,其产量和质量都较高。

(2)人工收获的方法。油菜人工收割宜在清晨露水未干时进行。人工收割后的油菜都要堆垛和晾晒,以便于油菜籽粒后熟。经过后熟的油菜,应及时脱粒干净,并趁晴天晒干扬净。所谓后熟,是指油菜植株在黄熟期被割倒后,种子的成熟过程仍未停止,茎和角果皮中的营养物质仍在继续向籽粒中运转,籽粒中的营养物质的积累和转化过程仍在进行。经充分后熟的种子,粒大饱满,油菜籽的产量和含油量提高。在正常气候条件下,堆垛后熟需 3～7d,时间过长,垛内温度太高,会影响种子质量,甚至发霉。劳力紧张时,油菜植株也可以不堆垛,将植株割倒后,随即放在田间

晾晒，脱粒，但其后熟效果较差。

2. 机械收获

油菜机械收割是随着油菜轻简化栽培的大力发展而发展的一项重要变革，省工、节本，可显著提高劳动效率。但油菜收割机械化也受到一些因素的制约，制约因素主要有：一是油菜茎秆太粗壮。一些种植季节早、种植密度低、肥力水平高的迟熟品种油菜，个体发育很旺，基部茎秆粗壮坚硬，不适应机械收割。二是油菜生长发育不平衡。有的田块植株大小差别大，有的主茎与分枝角果成熟不一致，不利于掌握最佳收割时期。三是油菜倒伏严重。因为田间湿度大，油菜根系生长不好或是菌核病严重，油菜倒伏严重或断秆较多，影响机械收割质量。另外，有的农户油菜播种太迟或是对油菜生产疏于管理，使油菜生长太差，产量不高，以至于因机械收获不合算而放弃使用机械收割。

解决的对策是：

(1)选用适应性强的品种和高质量的种子。油菜机械收割对油菜品种也有相应的要求。一是具有更强的抗倒和抗病能力；二是属半冬性中熟或是中熟偏早类型双低类型；三是分枝部位适中，主轴角果多。在选好品种的基础上，还应选购发芽率高、纯度高的种子，这是确保整田油菜出苗整齐、生长平衡、成熟一致的基础。

(2)提高大田直播的播种质量。由于稻油两熟前后作物季节矛盾不大，可以实行一季稻收获后先翻耕整田再播种油菜的方式，也可逐步试行油菜板田直播油菜。稻—稻—油三熟制茬口间季节矛盾较突出，应以板田直播为主。这两种方式都要求严把质量关：一是抢墒播种。旱情严重时则需灌水落干后再播种或耕整后播种；二是播后覆盖。主要利用机械开沟撒土覆盖畦面，底肥在翻耕前撒施或板田播种时撒施，如有焦泥灰(粪)应在播种后撒施；三是提高种植密度。根据播种季节、土壤肥力和品种熟期确定相应的产量结构和种植密度。播种早、土壤肥力高和品种生育期长的宜稀，相反则宜密。播种量，两熟制一般为 3.00～3.75kg/hm^2，三熟制为 3.75～4.50kg/hm^2。播种方式以采用撒播比较适于机械收割。有播种机械的则可实行机械播种。要确保播种质量，播种密度均匀。

(3)切实搞好油菜田间管理。直播油菜田的杂草危害比较严重，尤其是板田直播油菜的草害更为严重。一要抓好化学除草，一般除草 2 次。油菜种植密度大，后期对杂草生长有一定抑制，但前期也必须除草 1 次。第一次除草剂药效期过后即进行第 2 次施用。目前，在油菜田施用的除草剂有 72%都尔、20%克芜踪等，可结合田间杂草主要类型选用，使用时要严格按照各除草剂厂商所提供的使用方法和注意事项说明施用；二要抓好水肥管理，秋防干旱，春防渍涝，三叶期间苗，四叶期定苗，定苗后施尿素 112.5 kg/hm^2、氯化钾 75kg/hm^2 提苗。冬前再重施 1 次腊肥。开春后看苗追 1 次薹肥；三要注意防治病虫害。综合防治油菜菌核病，注意开沟排水，降低田间湿度，清除油菜基部黄老病叶，盛花期喷施 1 次防病药剂，控制菌核病蔓延。发现蚜虫等虫害及时喷药防治。

(4)机械收获方法。油菜机械收割宜在清晨露水干后进行，雨后放晴或露水未干都不适宜进行机械收割。目前油菜机械收获方式主要有 2 种：一是分段收获，即先人工或机械割倒铺放，晾晒后再用联合收割机捡拾脱粒；二是联合收割，即用联合机在田间一次性完成收割、脱粒、清选、籽粒收集、装袋等工序。与前者相比较，后者不仅可大幅度提高劳动生产率，减轻劳动强度，降低收割损失，而且还可以缩短收获时间，有利于下茬作物耕种。联合收割为目前使用的主要收割方式。因为机械联合收割使油菜籽收获后失去后熟的过程，所以，要特别注意选择最佳收获时间。收获过早，对油菜籽产量和品质都有影响；过迟，收获时损失较大，一般以 90%以上果角呈枇杷黄，80%以上籽粒颜色变深褐或黑色时方可收割。也就是说要比人工收获的黄熟程度更高一些为好。机械收割收回的油菜籽要及时摊晒，妥善收藏，以防止霉烂变质。

二、油菜籽的干燥技术

油菜籽的干燥至关重要，它是正确、安全贮藏油菜籽的前提，试验表明，菜籽贮藏的安全水分应为9%～10%。只有使菜籽干燥的程度达到这样的安全水分程度，才能使菜籽贮藏温度为25℃以下时，使菜籽非脂肪部分的水分不超过14%～15%。

（一）油菜籽的特性及对干燥设备的特殊要求

1. 油菜籽的特性

油菜籽由种皮和胚两部分组成，胚部有两片发达的子叶，油菜籽的油主要存在于子叶中。其主要成分是脂肪（40%）、蛋白质（27%）和水。油菜籽呈球形，粒小且轻，平均粒径1.27～2.10mm，平均单粒重为4.2mg。油菜籽容重为660～800kg/m^3，空隙率为36%，比表面积为3m^2/kg，漂浮系数为8.2m/s。

2. 油菜籽对干燥设备的特殊要求

油菜籽中蛋白质含量较高，相对于玉米、小麦、水稻等粮食作物更容易吸湿；油菜籽籽粒小，空隙度小，含油量高，不易散热。高温高湿的环境特别适合霉菌的生长，导致高水分油菜籽霉变。生产中应尽可能在短期内干燥至安全储藏水分。

油菜籽粒小呈圆形，流动性好。油菜籽干燥设备应具备良好的密封性能。油菜籽干燥过程中，如果籽粒温度过低，则降水缓慢；但如果温度过高，又会造成油脂溢出，不利于干燥，还可能发生火灾。因此，应严格控制烘干过程中的最高料温。实际生产中根据不同的干燥机类型，最高料温一般≤75℃。油菜籽可进行连续干燥而不必缓苏，但为了保证储存品质，烘后油菜籽必须进行冷却，使其温度不超过环境温度5℃。油菜籽干燥前应清杂，否则易造成油菜籽在干燥机内流动不畅，严重时发生火灾。

（二）菜籽干燥设备的研究与开发

我国典型的油菜籽干燥机主要有仓式固定床干燥机、空心桨叶式干燥机、滚筒式干燥机、流化床干燥机和混流式干燥机等。有些科研单位在近年开展了微波干燥研究，并取得了一定的成果。

1. 仓式固定床干燥机

这是目前我国农村应用最为普遍的一种干燥机。其特点是兼有烘干和储藏两种功能，结构简单（既可采用钢结构，又可采用砖木结构）、造价低、干燥成本低、可烘干多种物料。图 4－13 为仓式固定床干燥机结构示意图。

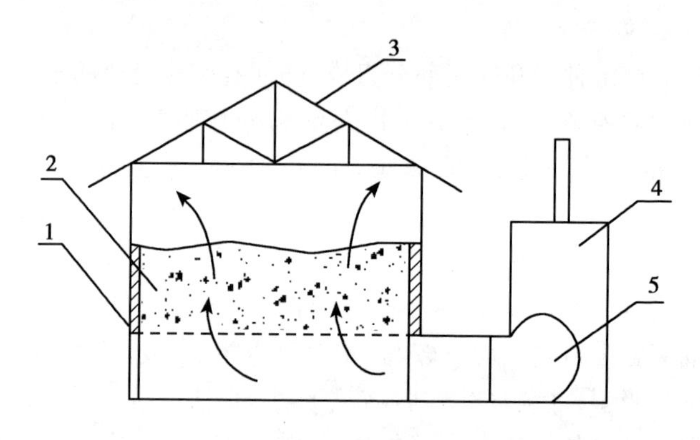

图 4－13　仓式固定床干燥机结构示意

1. 床壁　2. 料床　3. 床棚　4. 热风炉　5. 通风机

干燥油菜籽时，热风温度一般为 43℃，最大料层厚度为 1 200mm，单位通风量（空气）为 $32m^3/(m^3 \cdot min)$。

2. 空心桨叶式干燥机

空心桨叶式干燥机的结构如图 4－14 所示。该机主要由带夹套的卧式容器、空心桨叶轴、传动部件及旋转接头等组成。

空心桨叶轴由摆线针轮减速器带动，热介质（蒸汽或导热油）通过旋转接头进入空心热轴及桨叶内。油菜籽从进料口进入机内，经缓慢转动的空心桨叶输送到出料口。油菜籽在输送过程中受空心桨叶搅拌向前运动，空心桨叶和夹套又将介质的热量传导给油菜籽进行干燥。

该机属于压力容器，设备造价较高，对操作人员的技术要

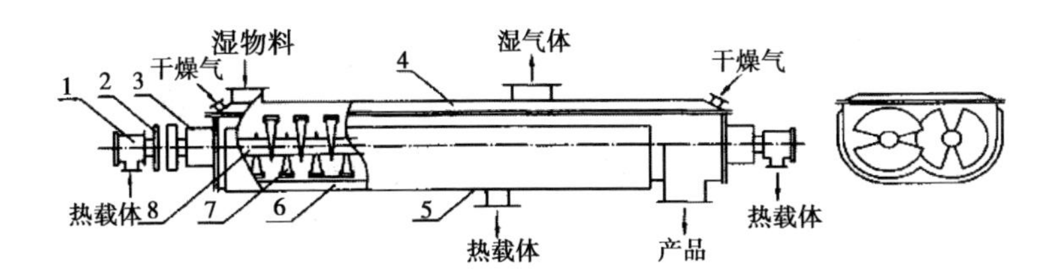

图 4－14　空心桨叶式油菜籽干燥机结构示意

1. 旋转接头　2. 传动系统　3. 轴承及填料箱　4. 上盖　5. 夹套　6. w 型槽体　7. 空心桨叶　8. 空心热轴

求高。

该干燥机作业时，排料温度为 60～70℃，搅拌桨叶的线速度为 0.1～0.5m/s，传热系数为 80～340W/(m^2 · K)。干燥后，油菜籽还需要进行冷却。

目前，该种干燥机的生产企业主要有三门峡市百得干燥设备公司、余姚市粮机厂、金湖干燥设备厂等。

江苏省淮安市金湖粮机厂生产的 KSB 系列空心桨叶式干燥机主要技术参数见表 4－17（最好换余姚生产的桨叶式干燥机主要技术参数）。

表 4－17　KSB 系列空心桨叶式干燥机主要技术参数

项目	KSB－3	KSB－8	KSB－13	KSB－20	KSB－25
传热面积(m^2)	3	8	13	20	25
桨叶长度(mm)	1 300	2 500	2 700	2 900	3 050
转速(r/min)	2.4～4.5	10～40	10～40	10～80	10～80
功率(kW)	1.5	2.8	5.0	7.5	11
有效容积(m^3)	0.065	0.345	0.64	1.12	1.6

3. 滚筒式干燥机

滚筒式干燥机由燃煤热风炉、滚筒式干燥机、气力输送系统、塔式冷却器等几部分组成，其系统工艺如图 4－15 所示。

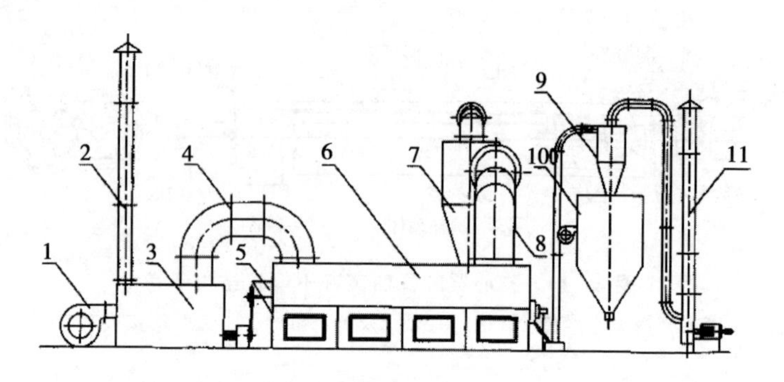

图 4-15　滚筒式油菜籽干燥机系统工艺流程

1. 干燥风机　2. 烟囱　3. 换热器　4. 热风管道　5. 进料斗　6. 滚筒式干燥机　7. 除尘器　8. 排风管道　9. 旋风除尘器　10. 冷却塔　11. 排风管

干燥机为卧式回转圆筒结构,筒内壁装有按螺旋线排列的轴向抄板。油菜籽进入干燥机后,在抄板带动下,在一定高度处呈瀑布状撒落下来,保证了与热空气充分接触,实现了湿热交换。干燥后的油菜籽排出机外后,由气力输送系统送入塔式冷却器中进行冷却。

目前,我国生产的滚筒式干燥机筒体直径为0.4～3m,筒体长径比为4～10,滚筒倾角3°～5°。干燥油菜籽时,滚筒转速为14r/min,热风温度控制在90～105℃,油菜籽在机内停留约1.1min,出机温度70～75℃。滚筒内介质流速为2.18m/s。该机采用了顺流式干燥工艺,可以保证成品的品质。但由于油菜籽在机内停留时间短,因此,该机存在降水幅度较小、处理能力小、热效率不高等缺陷。

4. 流化床式干燥机

流化床式干燥机分为气流流化与振动流化两种方式。这种干燥机对油菜籽的适应性强,具有干燥时间短,烘后品质好,结构简单,易于制造,投资少,热耗低,操作维修方便等诸多优点。

流化床式干燥机工艺流程如图4-16所示。

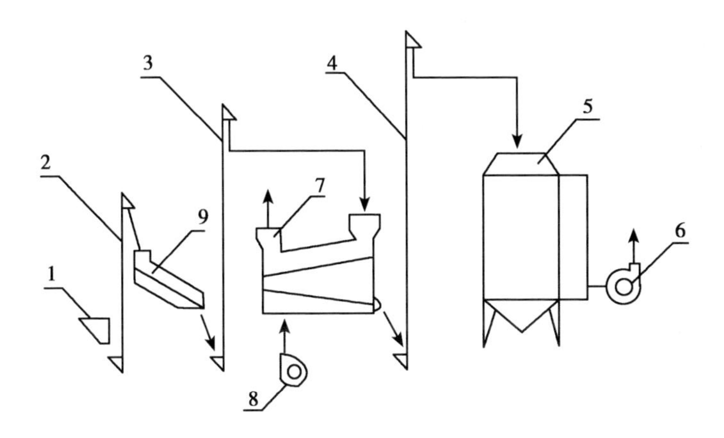

图 4-16 流化干燥—冷却式油菜籽干燥机工艺流程

1. 进料斗 2、3、4. 斗式提升机 5. 冷却塔 6. 冷却风机 7. 流化床干燥机 8. 干燥风机 9. 初清筛

该机采用了两级气流流化干燥一逆流冷却工艺。作业时,热风经过干燥风机后高速穿过两层带一定斜度的筛板,使筛板上的油菜籽呈流化态,实现了油菜籽与热风之间大面积接触,使热量得到充分的利用,高速均匀降水。干燥后的油菜籽经逆流冷却机充分冷却。

实际作业中,料层厚度为 150mm,油菜籽在机内停留时间为 2～3min,干燥介质温度一般为 100～110℃,出机粮温 65～70℃,冷却时间为 1h。

结构设计主要参数为:取分布板的孔径略大于油菜籽的粒径;开孔率 3.8%,倾角为 2°～3°;空床风速 0.5m/s;空气从孔中冲出的风速 13m/s 以上。

DYG 系列流化床式干燥机的主要技术参数见表 4-18。

此外,还有混流式干燥机也较常见。微波干燥则是近年来广受关注的一种干燥方法。微波干燥的时间、单位质量的功耗、烘后油菜籽含水率等是油菜籽微波干燥的主要技术参数,直接影响油菜籽的品质、作业成本及生产率。

表 4-18 DYG 系列流化床式干燥机的主要技术参数

项目	DYG-7	DYG-10
处理量(t)	7	10
降水幅度(%)	5	5
冷却后粮温(℃)	≥环境温度 5～12	
耗煤量(kg)	110～150	160～210
装机容量(kW)	52.5	75

目前,有关油菜籽微波干燥的研究已取得了一定的进展。研究表明,选择适当的质量比功率(0.25W/g),根据油菜籽不同的初始含水率选择相应的温度控制范围(50～60℃)与干燥时间,能够在保证种子发芽率的前提下,达到干燥的目的。微波干燥工艺具有干燥速率大、干燥时间短、节约能源、对环境污染小、有利于自动化控制等特点,但微波干燥的一次性投入较大。

三、油菜籽的安全贮藏

(一)油菜籽的贮藏特性

1. 吸湿性强

油菜籽的种皮脆薄,子叶嫩,籽粒细小表面积大,胚部占籽粒的比重大,很容易吸湿返潮。特别是长江流域油菜籽收获期正值梅雨季节,因吸湿返潮,发热霉变的现象常有发生。据试验,初夏高温时节,若空气的相对湿度小于 50%,晾晒后菜籽的水分可降到 7%～8%,但当相对湿度在 85%以上时,菜籽水分又会回升到 10%以上。所以,晾晒种子时,应随时注意天气的变化。

2. 容易发热

由于菜籽籽粒细小,吸湿快,而且大多数品种在收获后须通过一段后熟期。在后熟期间,代谢作用特别旺盛,呼吸作用放出大量水分和热量,但由于其籽粒间的孔隙度较小,含油量又高,导热性很差,因此温度极易升高。据测定,水分 13%以上的菜籽,往往无明显的早期现象，仅一夜之间温度就可突升至10℃以上，甚至可高达70～80℃，导致种子霉变（籽粒表面全被灰白色菌落所覆盖）。所以，贮藏种子时，需特别注意其温度的变化。

3. 休眠期短，易发芽

油菜籽几乎没有休眠期，如水分和氧气充足，温度适宜，在田间就能发芽，发芽后不仅不能做种用，而且如与未发芽种一起混贮，会影响贮藏的稳定性和质量。

4. 含油多，易酸败

油菜籽含油量高达40%以上，由于胚细胞中所含氧化酶的活性高，呼吸强度大，耗氧快，在同样温湿度条件下，尤其在含水量较高时，只需1～2d就会引起严重发热酸败现象，脂肪酸显著增多，含油率降低，生活力丧失。

油菜籽发生质变，除与其形态特征、内部构造及所含化学成分有关外，还与外界温度、水分及所含杂质等因素有关。据试验，如油菜籽含水量在10%～11%时，到了高温季节，一旦种温超过仓温3～5℃，就有浓厚的霉变味，开始仅限于种子堆中上层某点局部范围，然后逐步向四周扩大。种子含水量越大，温度越高，发热霉变速度越快，越严重。如果菜籽含水量在13%以上，往往在一夜之间就能全部霉变。

油菜种子发热霉变的外部症状是：初期种温开始上升表皮出现白色霉点，擦去霉点后皮色正常，不影响发芽率和出油率。但如不及时采取措施，则皮色逐渐变白，肉色由淡黄色变为红色，种温明显上升，且有酸味，出油率下降，失去生活力。继续发展，油菜籽将结块，有酒味，严重影响出油率，随后种温继续上升，皮壳破烂，肉质成白粉状，种子完全作废，不能出油。

（二）油菜籽的贮藏方法

1. 入库贮藏前的注意事项

（1）油菜收获后，应抓紧晾晒，降低水分含量。

（2）晴天摊晒油菜籽，要先将晒场晒热。然后再晒油菜籽；摊晒时要薄摊勤翻;晒后的油菜籽摊凉之后再入仓。

(3)入库前必须对空仓进行消毒、杀虫,做好仓库维护工作;要保证入仓油菜籽质量,尽量减少杂质。

2. 油菜入库堆放方式

油菜入库堆放方式有袋装、囤装、散装 3 种。

(1)袋装。袋装由于浪费装具,通常不采用。如要实施袋装贮藏,油菜籽应灌袋堆成“工”字形、“井”字形或“金钱形”,堆垛不宜过高,并注意严格检查,一般 4—10 月,水分在 9%～12%之间,每天检查 2 次;水分在 9%以下,每天检查 1 次;11 月至翌年 3 月,水分在 9%～12%之间时,应每天检查 1 次;水分在 9%以下,每 2d 检查 1 次。种温夏季不宜超过 28～30℃,春秋季不宜超过 13～15℃,冬季不宜超过 6～8℃。如种温高于仓温 3～5℃就应采取措施,进行通风,降温散湿。

(2)散装。散装是一种适用于入库数量大,仓房条件好时所采取的方法。散装时菜籽堆垛下应铺垫圆木、木板和芦席,使其与地面隔离,堆垛与墙壁也不应少于 50cm 距离,堆垛不宜太高,以有利通风,防止吸湿返潮。

(3)囤装。囤装用的囤以钢筋箍加纤维板制成,囤直径 5m 以下,高度不超过 3.5m。每囤每天入库油菜籽以不超过 10 000kg 为宜;如超过就应另做囤,这样做的目的是使高温入库的油菜籽积聚的热量容易散发出去。采用囤装时,还应安装通风道。

第五章　油菜栽培模式

第一节　棉田套播油菜栽培模式

套播是指一年内，在同一土地上的前茬收获之前，播种后茬作物的种植方式。长江流域棉花拔秆时间大都在 11 月下旬至 12 月初，棉油轮作茬口矛盾较大，采用棉田套播油菜栽培模式不仅可有效缓解棉油茬口矛盾，保证棉、油双季高产稳产，而且可以简化油菜栽培环节，减少用工投入，节本增效显著。

一、棉花栽培技术要点

1. 品种选用

宜选用能在 10 月底叶片枯黄脱落，11 月下旬采花结束并拔秆离田的早中熟棉花品种，以利于直播油菜的出苗和快速生长。

2. 棉花田间管理要求

(1)棉花种植畦面，一般以畦宽 1.8m，畦沟宽 0.4m 为宜，并要求在棉苗移栽时畦面预留 0.8m 宽的预留行，以用于套播油菜(3～4 行)。

(2)棉花后期要多施磷钾肥料，不施或少施氮肥，以防贪青晚熟。要力争前茬棉花 11 月下旬拔秆腾茬。

二、油菜栽培技术要点

油菜直播栽培参照本书第四章第二节叙述的技术要点执行，并重点突出以下操作技术要点。

1. 棉田套播油菜要特别注意适期播种

一般在棉花绝大部分叶片枯黄脱落前 25d 左右进行油菜套

播。宁波地区播期为10月下旬至11月初，最迟不超过11月10日。播种时可每千克种子以复合肥3～4kg、硼砂1kg或持力硼0.2kg、过筛干土粪3～4kg及15%多效唑1.5g做种肥(有利于防止高脚苗)，并与油菜种子充分混匀后，在施用底肥并整平畦面后及时将种子均匀撒播于畦面，然后用铁耙耙平。也可在施用底肥并整平畦面后，开深度为2cm左右的播种沟进行人工条播，然后用铁耙耙平。撒播每公顷用种量一般4.5～6kg，条播每公顷用种量一般为3～4.5kg。在两种播种方式下，如播期推迟或土壤墒情较差则均应适当增加播种量。为保证播种均匀，可带秤下田，采取分畦定量播种，先播定量的2/3，再用剩下1/3补匀，力求全田均匀。

2. 棉田直播油菜种子后要封闭除草

棉田直播油菜种子覆土盖籽后，应进行封闭除草。一般可于播种后3d内每公顷用含量为60%丁草胺乳油1 200～1 500ml对水750kg，或用含量为90%乙草胺600～675ml对水750kg，均匀地喷施在畦面上，进行封闭性除草。如上年基本无草害发生，也可以不进行这一工作。

3. 田间管理

(1)早间苗，早定苗。棉田免耕套播油菜人工播种难度高，且用种量较大。如果播种不均匀且不及时间苗，极易产生细苗、弱苗。因此，在油菜1～2片真叶时即可开始间苗，间掉窝堆苗，做到叶不搭叶，苗不靠苗。棉花拔秆后当油菜苗达到3～5片真叶时即可定苗，去小留大、去杂留纯、去病留健、疏密补稀、拔掉大棵杂草，要求菜苗田间分布均匀。棉田免耕套播油菜由于个体发育不及移栽油菜，单株角果数目下降。因此，需通过增加密度来确保较高产量，一般田块每平方米留苗38～52株，每公顷留苗3.75万～5.25万株。如品种生育期短、土壤肥力较差、肥料投入少、播期推迟则均应适当增加留苗密度，做到“以密省肥、以密补迟”。

(2)追施提苗肥。油菜定苗后即可在墒情适宜时或在雨前追施提苗肥。一般田块可每公顷追施尿素 60～75kg 提苗；油菜叶色褪淡、新叶出生慢且叶身细窄的田块可每公顷追施尿素 75～120kg 提苗；油菜叶色浓绿、新叶出生快且叶身肥厚的田块可少施、迟施提苗肥。

(3)苗期除草。与移栽油菜相比，直播油菜尤其是免耕直播油菜更易发生草害，因此，在油菜苗期应严把除草关，防止草荒苗。如草害较重应及时喷施化学除草剂除草，除草方案根据田间杂草分布确定。以禾本科杂草为主的田块，可每公顷用含量为 10.8%吡氟氯禾灵乳油 375～525ml 对水 750kg，或用含量为 5%精喹禾灵 450～600ml 对水 750kg 于杂草 2～4 叶期喷雾；以阔叶杂草为主的油菜田块可每亩用含量为 50%草除灵 450～600ml 对水 750kg 喷雾，防治时间可在油菜活棵后根据杂草发生情况确定；以禾本科杂草、阔叶杂草混生的田块，每亩可用 17.5%快刀乳油 1 200～1 500ml 对水 600～750kg 于油菜活棵后进行喷雾。化学药剂防除杂草一般在冷尾暖头、日平均气温 10℃以上、无露水时进行，如喷药后 4h 内下雨，须重新喷药，但应适当降低用药量。草害较重的田块可以在越冬前根据杂草发生情况再进行一次化学除草。

(4)棉花拔秆腾茬，清沟。长江流域棉田套播油菜田块的棉花要求在 11 月中旬及时拔秆，最迟不能超过 11 月下旬。棉花拔秆后应及时清理“三沟”，防春后田间渍水，油菜烂根、早衰减产。

(5)化学调控，抗倒增产。旺长、群体密度偏高的棉田套播油菜存在早薹、早花以及抗倒性下降的风险。此类田块可在油菜封行至 11 月底前，每公顷用含量为 15%多效唑 450～750g 对水 750kg 在晴天叶面喷施。对存在早薹早花风险的田块进行化学调控，控上促下，并可提高抗寒力与抗倒性，从而提高油菜产量与籽粒品质。

(6)追施薹肥与硼肥。在薹高 5cm 左右时，要及时追施薹肥，薹肥用量根据苗情确定，一般田块每公顷撒施尿素 45～60kg。脱肥落黄早、后劲不足田重施薹肥，反之少施。没有施用硼肥或前期干旱较重的田块可在薹期每公顷用速乐硼 750g 对水 600～750kg 溶液叶面喷雾。

(7)防治病虫害。油菜有蚜虫株率 10%，虫口密度平均每株达 2 头时须及时喷药防治，可每公顷用 10%吡虫灵 300g 对水 750kg 重点对叶片背面进行喷雾。菜青虫在其幼虫三龄前，可每亩用含量为 48%毒死蜱乳油 1 500～1 800ml，或含量为 2.5%溴氰菊酯乳油 300～375ml 对水 750kg 对其进行喷雾防治。初花期每公顷用 50%菌核净可湿性粉剂 1 500g 对水 750kg，选择晴天下午重点对植株中下部茎叶上进行喷雾。如菌核病发生较重可在盛花期再防治一次。

4. 收获贮藏

(1)收获时间。油菜终花后 35d 左右，当全株 2/3角果呈黄绿色，主轴基部角果呈枇杷色，种皮呈黑褐色时，仅分枝上部尚有 1/3角果仍显绿色，为适宜收割期，即“八成熟、十成收”。如采用一次性机械收获可推迟 7～10d 进行，油菜适宜机械化收获时期较短，要掌握好时机，抓紧晴天抢收。

(2)脱粒。后熟 5～7d 后，抢晴天撤堆、摊晒后，既可进行人工脱粒，也可进行机械脱粒。脱粒时可垫上塑料薄膜，以提高菜籽净度。秸秆切勿焚烧，可在田边沤制成农家肥还田，提高土壤有机质含量。

(3)入库。当籽粒水分控制在 9%以下，手抓菜籽不成团时，扬净后可装袋入库。贮藏油菜籽的仓房必须具备通风、密闭、隔湿、防热等条件，堆高一般不超过 1.5m，并及时通风透气，防止菜籽发热霉烂。菜籽入库后禁止使用高毒、高残留农药熏蒸消毒。

三、棉、油套种注意事项

一是采用适度的棉花田间栽培措施，棉花不贪青晚熟且便于后茬油菜田间管理。二是控制油菜肥料用量，防止棉田油菜旺长倒伏而影响产量。三是根据天气预报抢时播种，确保一播全苗。四是棉田油菜菌核病发生偏重，要做好初花期菌核病的防治。

第二节　油菜—水稻机插两熟均衡高产配套栽培模式

一、前作油菜高产配套栽培技术

参照本书第四章第三节。

二、后作机插水稻高产配套栽培技术

经过多年示范推广实践证明，浙江省及宁波地区油菜茬机插水稻高产栽培应选择全生育期不超过150d的水稻品种，油菜以在6月中旬收获为宜。水稻栽培要以争大穗、提高总花量为主攻目标，以抓“三早”为主要措施：一是“早促”，即促使机插稻早返青、早分蘖、早发足苗；二是“早控”，即够苗搁田和中期干干湿湿灌水，早控高峰苗，防止群体过大、无效分蘖过多，强根，壮秆，提高防病、抗倒能力；三要“早攻”，即在中期稳长的基础上，施足促花肥和保花肥，争大穗，提高粒重。以宁波地区杂交晚粳甬优538试验为例，产量指标：如定为750kg/亩，应安排在6月5日播种，6月21日移栽，与前作油菜接茬。每穴3.45本；行距30cm×株距18cm；基本亩5.24万/亩，最高苗23.65万/亩，有效穗15.06万/亩；成穗率63.76%，每穗总粒333.55粒/穗，实粒数277.7粒/穗，结实率83.26%、千粒重22g。该品种在奉化作机插栽培，8月底9月初始穗，9月上旬齐穗，11月初成熟，全生育期150～160d。正好能与下茬油菜接茬。

(一)选用良种适期播栽

油菜茬机插稻应选用优良品种，宁波地区可选甬优538、甬优15、浙优18、春优84、甬优8号等品种。播期一般宜在5月底6月初，栽插期在6月20日前后。

(二)培育壮秧打好基础

1. 壮秧标准

机插稻壮秧标准是：苗高15～18cm，秧龄18～20d，叶龄3.5～4.5叶，叶宽、叶绿、有硬壮感、基粗2mm以上，种子根和5

条冠根生长良好，达到全白根、盘好根、带土2～2.5cm、厚薄一致；秧苗生长整齐，分布均匀，1.5～2.5株/cm^2，无病虫害。尤其是叶龄3～3.5叶，苗高12～18cm，秧龄15d左右，带胚乳6%～8%的小壮苗是理想的小苗。

2. 调制营养土

(1)早。即早备营养土，在2月底前备齐。

(2)足。按机插大田备足营养土，根据计算，每亩机插大田需备足营养土120kg。

(3)酸。即调酸，要调至pH值为5，调酸时间在育秧前20d进行，不可过早或过迟。

(4)肥。即培肥营养土，要分两段进行，“春分”前每10m^3营养土拌入腐熟的人粪尿或优质堆肥、厩肥1.5t左右(不可用新鲜的草木灰和碱性肥料)或商品有机肥0.75～1t。育秧前拌入化肥，每盘氮、磷(P_2O_5)、钾(K_2O)各3.5g。

(5)药。使用机插秧专用农药，亩用量为1kg。

3. 精做秧田

按1∶80左右的比例备足秧田，机插大田需净秧板4.5m^2/亩(毛秧田5.6m^2)。秧田要靠近水源，排灌方便，土地平整。畦宽1.35m(2个秧盘对头放)，沟宽0.25m，沟深0.15m；周沟宽0.3m、深0.2m。秧田要早耕、早整，利用冬季将土块冻酥，尤其是黏土，要干耕、干整、干做畦，使土壤保持良好的通透性，以利洇水保湿，实行旱育或半旱育秧。在秧田整平、畦沟开好后，要上水验平，去高补洼，清沟补缺，推平畦面，然后排水搁板备用。

4. 播种落谷

软盘育秧每盘播干种110～120g(芽谷135～150g)，机插大田用干种3～3.2kg/亩；双膜育秧干种700～740g/m^2；机插大田用种3.25～3.5kg/亩(播4.5m^2)。如果秧龄延长至3.5～4.5叶(中苗)、20d以上，落谷量需下降为90g/盘，大田需育秧27～28盘/亩。种子吸足水分堆放保温，堆温升至38℃，90%谷粒破胸，谷芽露出 1mm 时落谷。

5. 适时揭膜

落谷 2～3d 后，秧苗不完全叶伸出后，根据天气情况及时拨开覆盖物，使秧苗见光现绿；播种后 5～6d，秧苗第 1 叶全展时揭膜。揭膜掌握晴天傍晚揭，阴天上午揭，小雨雨前揭，大雨雨后揭。揭膜后立即灌平沟水洇透或浇透水。

6. 水浆管理

落谷时洇透、浇足底水的，揭膜前不灌水，遇到大雨要及时排水，避免秧苗浸入水中；揭膜时洇透水、浇足水；揭膜后旱育为主，透气促根。出现床土干白和秧苗中午卷叶时，可灌平沟水或浇水，使床土湿润，傍晚将沟水排除。移栽前 2～3d 不灌水，促苗老健。

7. 肥料运畴

床土充分培肥的，一般不追肥。基肥不足的，在秧苗 1 叶 1 心时揭膜后追断奶肥，施尿素 5～7kg/亩，下午露水干时施用。移栽前 2～3d 追送嫁肥，施尿素 5～7kg/亩。

8. 多效唑化控

适期移栽，不需要施多效唑。如需要推迟栽插、延长秧龄(18d 以上)的秧苗，在揭膜后 1 叶 1 心时，用 15%多效唑可湿性粉剂 75～100g/亩，对水 30kg 喷雾，用药时畦面无水，并要增加秧田施肥量。使用多效唑后，5～25d 内有效，10～20d 抑制作用最强。

9. 防病治虫

对立枯苗和青枯死苗要勤观察，揭膜后每天清晨观察秧苗叶尖是否吐水，如有成簇的秧苗叶尖不吐水，立即用 1 000倍敌克松液泼浇防治，或建立水层抑菌防病。出现黄苗可用 500 倍硫酸亚铁溶液喷雾 1～2 次。对灰飞虱和条纹叶枯病的防治，可在秧苗 2 叶期用 10%吡虫啉 20g/亩对水 30kg 喷雾。

(三)提高移栽管理质量

1. 施足基肥早整地

油菜收获后，机插秧大田基肥除秸秆还田外，一般用高效复合肥(N、P、K 各 15%)25kg/亩,尿素 15kg/亩,力争早耕(或旋耕)粗耙、整平田面,保持土壤透气,灌水泡田,土壤沉实 1～2d 再机插。

2. 短龄早栽提高质量插足苗

要适时、适龄移栽小壮苗,不栽超龄秧和窜高细弱苗。秧苗运输和在田头都不能晒秧根。秧苗运到田头后应立即放开,并用遮阳网或秸秆、柴席遮阴。采用宽行窄穴,行距 30cm、穴距 12cm,按要求插足基本苗。插秧机取秧量调至秧块面积 1.8～2cm^2。

3. 栽后立管

机插秧栽插后容易缓苗迟发,甚至僵苗、死苗,要防水害、肥害、药害和病虫害。因此栽后立管,一是要管好水,做到寸水护苗,防晒、防旱、防死苗。二是早施分蘖肥,栽后 10～15d 第一次追肥时,可施尿素 5～8kg/亩。三是及时防治前期病虫草害。稻飞虱、稻蓟马等害虫可用 5%锐劲特 15ml/亩加 10%吡虫啉 20g,对水 40kg 喷雾。四是及早转化僵苗。一旦出现缓苗期拉长和僵苗前兆,要立即查明原因,采取措施,如脱水促根、补肥、防治病虫等。

4. 及时搁田控群体

机插秧容易形成前期迟发、中期猛发、无效分蘖过多,群体过大,不利于防病、抗倒和大穗的形成。所以,要及时搁田,早控群体,即全田总茎蘖达到预期穗数时,立即排水搁田。根据农户实践经验,一般以每穴苗数达到 15 株时开始搁田。如果田间苗数没有达到预期穗数,但稻苗已经进入分蘖末期,也要排水搁田。油菜茬机插秧的搁田时间一般在 7 月下旬;要多次轻搁不可 1 次重搁;要拉长田间脱水的时间,一般要搁田 10～12d,搁到田中不陷脚,田边裂细缝,田面冒白根、茎秆青到泥、叶片插直不披再复水。搁田时如遇高温、连晴,中间可灌 1 次跑马水,防止土壤过快硬结和田间裂大缝;如遇连续阴雨,要打开排水口,及时开沟排水,使稻田不积水。

5. 施足穗肥攻大穗

穗肥一般分 2 次施,占总施肥量的 40%。一次施促花肥,在搁田复水后稻苗开始圆秆拔节时施用，约在8月上旬，施高效复合肥10kg/亩，尿素5kg/亩；一次施保花肥，在促花肥后14d施，穗分化4～5期（幼穗长1～3cm）、8月20日左右，施尿素5～8 kg/亩。水稻拔节后，要干湿交替，以湿润为主；减数分裂期（抽穗前10～12d）不能受旱，尤其是遇到高温，可适当深灌；破口期要保持水层，使抽穗整齐；灌浆后期干干湿湿，活水养老根；成熟前7d断水。

6. 防治病虫夺高产

机插秧容易发苗过头，导致纹枯病重发。因此，前期施肥要适量，要早控、适时搁田，防止群体过大，控制病害发生。同时要进行药物防治，一般用药2次，一次在分蘖末期，一次在孕穗期，每次用井冈霉素120～150g/亩对水60kg喷洒或对水20kg用弥雾机喷雾。大田害虫防治，主要是三代纵卷叶螟和三代三化螟，分别在8月上旬和9月初水稻破口期用药。对其他病虫害要加强检查，按病虫测报信息和防治对策及时发现，及时用药。

第三节　油菜—鲜玉米（大豆、花生）栽培模式

一、油菜栽培技术要点

参照本书第四章第二、第三节。

二、鲜食玉米栽培技术要点

1. 品种选择

鲜食玉米选择早熟、株型紧凑、穗型适中、口感香糯带甜味的白糯或紫糯玉米品种，如苏玉糯、浙凤糯等，也可种植市场鲜销或适于企业加工的甜玉米品种，如华珍、浙凤甜2号、金利等。

2. 实行连片隔离种植

连片种植可以有效防止临近田块种植早稻，对玉米地造成的水包旱现象，也可有效预防不同类型、不同品种间如鲜食糯玉米、甜玉米与普通玉米或其他类型玉米相互授粉形成籽粒黄白相间或其他颜色，造成品质下降，商品性变差的现象。隔离的方法：一是

空间隔离,同一类型玉米与其他类型种植间距在300m以上;二是花期隔离,要求与其他类型花期错开30d以上;三是屏障隔离,利用山岗、树林等自然屏障隔离。

3. 适时播种育苗

油菜茬后接种玉米,要避免在5月中旬以后播种,以免玉米雄蕊开花散粉期、果穗吐丝期遇7月中旬至8月中旬高温季节,造成果穗不能正常受精,出现秃尖、缺粒或空穗。但冬油菜一般要在6月上中旬才能收获。解决这一季节矛盾的办法,唯一可行的是对鲜玉米进行育苗移栽,同时要力争油菜收获后及时清理田园,翻耕整地,适时移栽鲜玉米,以避开7月中旬至8月中旬高温季节果穗吐丝。

玉米播种育苗的技术措施如下:

首先要确定播期。育苗播种的时间,要与大田移栽的时间紧密衔接。育苗过早苗龄大,移栽后生长不好,影响产量;育苗过迟,又达不到提早节令的目的。因此,适期播种,应根据移栽时间,确定育苗播种的时间,一般比直播栽培的玉米提前15～20d,同时考虑油菜收后整地所延误的时间,则玉米的播种时间应在油菜收获期前25～30d,以5月10—15日期间播种为宜。

同时,为确保移栽后苗棵均匀一致,播种育苗时要适当增大育苗数量,一般以比实际需苗量增大10%左右为宜。

4. 适时移栽

(1)油菜收获后要及时清理田园,翻耕整地作畦,一般畦宽110cm,沟宽25～30cm,深10cm左右。要结合整地作畦,施好基肥。一般可亩施亩施充分腐熟有机肥1 000～1 500kg或750～800kg的商品有机肥作基肥。

(2)起苗分级。在移栽前一天下午,要浇透苗床水。起苗时按苗大小强弱分级,分地块或分片移栽,以利管理。撒播育苗,起苗时要尽量多带土,少伤根。特别要注意,不要抖落根部残籽,否则降低幼苗的成活率。运苗时,幼苗摆放不宜过挤,尽量减小振动,防止散土落籽伤根。

(3)抢时移栽,抢阴天或雨天移栽最好。晴天移栽,最好在傍晚进行,有利成活。移栽时要取深沟(塘)浅栽,有利成活和浇水追肥。浇活棵水后要用细干土覆盖,防止水分蒸发,有利成活。移栽苗龄一般为25～30d。移栽过早,增产潜力小;移栽过晚,形成小老苗,造成空秆,产量锐减。控制好移栽苗龄,是玉米育苗移栽成败的关键。如果育苗移栽的面积大,可采用生育期不同的品种,或分期育苗的方法,错开移栽时间,避免造成小老苗。

(4)合理密植。鲜食玉米以收获时每亩穗数足、果穗大小适中、穗型好的效益最高。一般要求每亩种足4 000～4 500株,密度过高植株徒长易造成空秆,密度过稀则易导致多穗,影响产量和商品性。大多采用宽沟窄畦法种植,即畦宽(连沟)110cm,种2行,窄行距40cm,株距25～30cm。为提高田间通风透光条件,栽种时秧苗叶片伸展方向应与畦走向垂直。

5. 科学追肥

浙凤糯2号等品种苗期起发快,单株生长势强,中后期长势平衡,在肥水管理上,要重施基苗肥和攻蒲肥,肥料总量一般每亩要求化肥折纯氮(N)15kg、磷(P_2O_5)6kg、钾(K_2O)6kg。除以有机肥作基肥外,玉米5叶期时可亩用尿素2～3kg对水浇施一次,7～8叶期玉米拔节时亩用尿素5kg浇施,大喇叭口期施攻蒲(穗)肥,适当提高肥料用量。

6. 合理进行水浆管理

秋玉米在前期主要做好沟灌抗旱工作。在玉米的幼穗分化期、开花授粉期和灌浆期要重点做好抗旱工作,以免果穗籽粒错行影响外观和籽粒充实度不足产量下降。

7. 防治病虫害

前期主要防治地老虎危害,可用20%杀灭菊酯1 500倍液地面和植株喷雾。拔节至大喇叭口期要及时防治玉米螟危害,可选用Bt乳剂150ml加拌细土15kg制成颗粒,每株3～4g灌心。

8. 适时收获上市

鲜食玉米收获应及时，收获过早则籽粒不饱满，产量低；过迟则食味变差，市场价格低。一般以雌穗吐丝后20～25d，外露花丝变紫褐色时以最快速度上市销售，紫糯玉米以籽粒刚转色时收获为最佳，或者根据加工企业要求采收。

三、大豆栽培技术要点

（一）品种选择

实行本模式栽培与冬油菜收获后接茬的大豆品种可选用浙鲜豆7号、浙农6号、浙农8号、台75等。浙鲜豆7号从播种到采收青荚约90d，属中晚熟菜用型大豆品种，一般亩产量600kg左右；浙农6号属中晚熟品种，播种至鲜豆荚收获生育期为86d左右；浙农8号属早熟品种，平均生育期84d，鲜荚平均亩产650kg左右；台75可作秋季栽培，播种至收获、采收仅65d左右，亩产鲜荚500kg左右。

（二）栽培技术

1. 栽培季节

在油菜采收后播种，一般于6月中旬播种，9月上中旬采收。

2. 大田准备

油菜收获后，于播种前10～15d深翻耕，根据品种和田块肥力水平，结合整地每亩施商品有机肥100～200kg加三元复合肥20～30kg，或同等量的其他相应肥料。整地细耙作畦，畦宽（连沟）1.5～2.4m，其中，沟宽30cm、沟深25cm，实行三沟配套，保证田间灌排畅通。

3. 播种

油菜收获后，在完成整地作畦的基础上，选择雨后天气晴好的日子播种，播后最好采用地膜或秸秆覆盖，大田深沟高畦，如栽培品种为浙农8号，畦宽可定为1.2～1.3m，种3行，行距×穴距＝40cm×20cm，密度以每亩13 000～15 000株为宜；台75播种密度要稀些，以每亩5 000～5 500株为宜。如采用穴播，每穴播2～3

粒，亩用种量5～6kg，播种深度约3cm，开穴深度要一致，不重播、不漏播。建议在播种后覆盖地膜，同时，要在田间地头培育适量备用苗，以便及时进行补苗。

4. 播后管理

(1)间苗。出苗后及时挑破覆盖薄膜放苗，在幼苗有1～2片真叶展开时进行间苗、定苗，每穴留2株健壮苗。及时查苗、补苗，确保全苗。

(2)水分管理。生长前期如遇持续干旱时需及时浇水。从开花结荚期到鼓粒期需要充足的水分，宜保持畦面湿润，若遇干旱畦沟灌溉2～3次。

(3)施肥。追肥应根据地力、基肥用量、植株长势和不同的生育期等而定。一般在第一复叶期每亩追施尿素5～7.5kg，初荚期每亩施用尿素15～20kg或三元复合肥5～7kg，打孔穴施；豆荚鼓粒期可结合防病治虫进行根外追肥，喷施0.3%尿素加0.2%磷酸二氢钾溶液1～2次。台75品种植株生长势较强，生长前期要适当控制氮肥，以免引起植株徒长。

(4)中耕培土和清除杂草。播种前7～10d可用草甘膦除草，播后芽前选用金都尔封草，露地栽培生长前期选用精禾草克除草，同时在封行前结合除草、施肥进行中耕培土，培土不宜过高过宽，以不超过第一复叶节为宜。地膜覆盖栽培要清除畦边杂草，及时去掉老、弱、病、残叶，使植株营养充足，有良好的通风透光条件。

(5)病虫草害综合防治。菜用大豆主要病害有立枯病、病毒病、褐斑病、霜霉病、黑斑病、炭疽病等；主要虫害有蚜虫、小地老虎、豆荚螟、蜗牛、斜纹夜蛾、烟粉虱等；主要杂草为早熟禾、繁缕、卷耳等。应严格按照国家有关规定及时做好防治工作。

(三)采收

全株上下各部分80%以上豆荚鼓粒充分是采收适期，采收的大豆应达到以下要求：新鲜，豆粒饱满，成熟度适中，豆荚形态良好，无锈斑、虫蛀、严重损伤或破裂，豆仁发育不良的豆荚。

四、花生栽培技术要点

(一)品种选择

花生的品种按花生籽粒的大小分为大花生和小花生两大类型;按生育期的长短分为早熟、中熟、晚熟3种。与冬种油菜接轨的品种应选择早熟品种为宜,如90128、徐花16号、远杂9102、花育20等品种,其中90128夏播生育期仅90d,徐花16为116d,远杂9102和花育20为117d左右,前两个品种为大花生,后两个品种为小花生,均适宜在冬油菜收获后播种。

(二)播种

1. 种子处理

播前要带壳晒种,选晴天上午,摊厚10cm左右,每隔1～2h翻动一次,晒2～3d,剥壳时间以播种前10～15d为好。剥壳后选种仁大而整齐、籽粒饱满、色泽好,没有机械损伤的一级、二级大粒作种,淘汰三级小粒。

2. 整地

花生是地上开花地下结果的作物,根系发达,要求土层深厚,上松下实,因此要在播种前适当深耕细整。

3. 施足基肥

由于花生生长前期根瘤数量少,固氮能力弱,中后期果针已入土,不宜施肥,因此,必须在播种前结合耕翻整地,一次性施足基肥,以满足全生育期对肥料的需求。有条件地区尽量多施充分腐熟的有机肥,一般要求:中产田每亩底施腐熟的有机肥2 000～3 000kg,45%复合肥30～40kg,硼肥1kg;高产田每亩底施有机肥3 000～4 000kg,45%复合肥40～50kg,硼肥1～1.5kg,硼肥作基肥时,严禁施入播种沟内,避免烧种烧苗。

4. 适期播种,合理密植

油菜收获后,5cm土层地温已稳定在12℃以上,可适时播种,密植程度可采取大垄双行,穴距16～18cm,每亩8 000～10 000穴,每穴播2粒,深3～4cm。

（三）田间管理

1. 前期（苗期）

应加强管理，使之扎好根，控制好病虫害，促苗早发。

2. 中期（花针—结果期）

重点是控制地上面枝叶生长，促进下面果针和幼果发育。

3. 后期（成熟期）

后期是荚果膨大籽仁充实期，主要体现“后保”两个字，注重抗旱排涝防烂果，治虫保果夺丰产，防病保叶促果饱。

（四）病虫害防治

主要病害有花生叶斑病、花生锈病、花生根腐病；主要虫害有蛴螬和花生蚜。花生叶斑病可于始花前喷洒下列低毒杀菌剂，用70％代森锰锌可湿性粉剂每亩 70～80g，400～600 倍液，或用50％甲基托布津可湿性粉剂每亩 70～100g，1 000～1 500倍液，任选一种进行防治；花生锈病发病初期，每亩可用 75％百菌清可湿性粉剂 100～125g，对水 60～70kg 喷雾，或用硫酸铜、生石灰和水比例为 1∶2∶200 的波尔多液喷雾。严重时两种杀菌剂交替使用，每隔 8～10d 喷一次；花生根腐病可在播前经晒种后，每 100kg种子用 50％多菌灵可湿性粉剂 500～1 000g 拌种防治。蛴螬可用50％辛硫磷或 90％敌百虫 1 000倍液灌根；花生蚜：每亩用 10％吡虫啉可湿性粉剂 30g 对水制成 2 000～2 500倍液；70％ 艾美乐水分散粒剂 3g 对水 40～50kg，配成 10 000～15 000倍液进行防治。

第四节　秋马铃薯和油菜“双套双”套作技术

稻田秋马铃薯和油菜“双套双”套作栽培技术，是在水稻收获后，油菜播种前，利用秋季的温、光、水资源，在稻茬田内，采用一定的带状栽培模式，免耕增种一季秋马铃薯，在油菜移栽时节再移栽套作油菜的一种新方法。该套栽培技术集免耕栽培、秸秆还田等技术为一体，省去了犁田碎土、打窝播种等工序，具有省工、省时、省力，培肥地力、调温保墒、抑制杂草、增产增收等优点，是优化晚秋粮油生产结构的重要技术，它有效地解决了秋马铃薯与油菜之间争地、争光的矛盾，从而达到粮、油双丰收的目的。特别适合在我国南方的水稻和油菜两熟的主产区推广种植。

一、稻草覆盖　免耕抢种秋马铃薯

在我国南方的水稻和油菜两熟的生产区，每年的8月中、下旬收割中稻，10月上、中旬移栽油菜。为了充分利用这个田地的空当时间和自然光照、温度及稻田剩余的湿度等资源，可采用免耕和带状栽培的方法，抢时间增种一季马铃薯，使有限的田地获得更多的粮食。

（一）深沟高畦　规范整田

水稻喜欢水，而马铃薯怕湿。为了抢时间增种马铃薯，必须在水稻收获后，及时对稻田进行规范整理。

1. 排水露田

在水稻收获前或收获后，要及时排干稻田的积水，以便于播种马铃薯。

2. 短留稻桩

在收割水稻时，不管是采用人工收割或者是采用机械收割，都要尽量地短留稻桩，以便于免耕种植马铃薯时，覆盖稻草。

3. 深沟高畦

在水稻收获后的稻茬田，依稻田排水方向，放线挖排水沟并做好种植畦。一般畦宽2m，沟宽0.25m，沟深0.2～0.3m。

大块田，还要挖好十字沟或井字沟等排水沟。主沟沟深均为0.3～0.4m。对排湿较困难的黏土稻茬田，或地下水位较高的田块，要一沟一畦，开沟深度要达标，沟壁要垂直。

要做到沟沟相通，排水良好，雨停沟中无积水，以减轻湿害，有利于马铃薯和油菜生长。

开沟时所挖起的泥土，要平铺在畦面上，并整细平，全田畦面高低一致。

（二）适时播种和种薯的准备

1. 适时播种

秋马铃薯播种正值高温多雨季节，过早播种易造成烂种缺苗；推迟播种因生育期缩短，产量不高。马铃薯性喜凉爽气候，播种期以日平均气温稳定降至25℃以下为宜。应根据品种特性，选择最佳播期。一般海拔500m以下平原丘陵区，以8月下旬至9月上旬播种为宜。

2. 种薯的准备

（1）品种。秋马铃薯生长时间较短，一般只有80～90d，因此，在生产上要选择抗逆性强、休眠期短、成熟期早、结薯早、产量高的早熟或特早熟的脱毒种薯作种，如：东农303号、中薯3号、费乌瑞它、大西洋等良种。一般每亩用种量为150～200kg。

（2）种薯大小和切块。一般选用20～30g重的小薯，整薯播种为宜。若用大块马铃薯作种薯，要进行切块处理。在播种前7～10d，选无病伤、重50～100g的薯块做种薯，用快刀沿顶芽向下纵向切成3～4小块，每块要保留芽眼1～2个；马铃薯种切块后，要用0.5%的高锰酸钾溶液浸种消毒10min左右，以免伤口感染病菌。

秋马铃薯必须带芽播种。带芽播种，是促进秋马铃薯早出苗、快出苗、出壮苗的关键技术。而马铃薯种薯在自然状况下，有30～40d的休眠期。因此，要尽量选用已打破休眠期的薯种。

一般选用当年的春马铃薯种，当秋马铃薯播种时，春马铃薯已打破了休眠期，开始发芽，不需催芽，可以直接用于播种。

如果无奈地选用未解除休眠期的种薯作秋马铃薯种，会有大量的种薯不能正常发芽出苗，烂种现象严重，秋马铃薯的基本窝、基本苗得不到保证，产量不高。因此，必须进行人工催芽处理，才能打破休眠期，确保秋马铃薯发芽快、出苗齐。

生产实践中，一般采用赤霉素浸种，以尽快打破种薯的休眠期。方法是：取1g赤霉素，先溶解到50ml的白酒中，再把赤霉素酒液混合到100L的水中,配制成10mg/kg的赤霉素溶液,浸泡整块的薯种30min;浸泡后,把薯种捞起晾干,放在阴凉的室内进行催芽。方法是:在室内的墙边墙角,铺垫一层湿润的稻草,将浸种后的种薯,铺放一层在稻草上,盖上一层湿润稻草,再铺放一层马铃薯种,再盖上一层湿润稻草,如此反复,直到把种薯放完盖好为止。

催芽3~5d后,检查出芽的程度,当芽长至2~3cm长时,就可取出种薯,进行炼芽。芽的长度不宜过短,过短会造成播种后出苗慢、出苗不整齐;芽的长度也不宜过长,否则播种时容易把芽苗折断。

把出芽的种薯,整齐地码放在室外阴凉的地上进行炼芽处理。1~2d后,当薯种的嫩黄芽绿化变紫后,就可分批播种了。

(三)合理密植、覆盖栽培

秋马铃薯的生长时间较短,要采用增加种植密度的方法来提高产量;播种的时候,还要为油菜预留位置;因此,要采用宽行和窄行相结合的带状种植方法,并合理密植。

1. 合理密植

在整理好的2m的畦面上,从距畦沟边20cm、40cm、100cm、120cm和180cm处,各摆栽1行秋马铃薯种,每畦摆栽5行,作为种植秋马铃薯的窄行种植带,窝距22cm左右。其中,在畦面的40~100cm和120~180cm,预留2个宽60cm的宽行,准备种植油菜。

在整理好的4m的畦面上,从距畦沟边10cm、70cm、90cm、150cm、170cm、230cm、250cm、310cm、330cm和390cm处,各摆栽1行秋马铃薯种,每畦摆栽10行,作为种植秋马铃薯的“窄行”种植带,窝距22cm左右。其中在畦面的10~70cm、90~150cm、170~230cm、250~310cm和330~390cm,预留5个宽60cm的“宽行”,准备种植油菜。

播种马铃薯时,不用打窝,只需按照规定的窝行距,用手将种薯块压放在畦面表土上，使种薯与土壤紧密接触即可。每窝放块薯一个，每亩播 6 500～7 000窝。

马铃薯播种后，“双套双”带植的“一双”就形成了，即，“窄行”中栽植了两行秋马铃薯。

2. 施足底肥

由于秋马铃薯要求的生育周期短，再加上在稻田免耕种植后要覆盖稻草，使得追肥困难，所以，要在摆放种薯后，及时施足底肥；底肥中还要增施钾肥。

一般每亩施足充分腐熟的农家有机肥 3 000～4 000kg，草木灰 100kg，45%含量的硫酸钾型三元复合肥 50～60kg。

有机肥与草木灰混合后，撒放在种薯上，并盖住种薯块；

化肥撒施在秋马铃薯的宽行中间和窄行之间，以后就不再进行地面施肥。

3. 稻草覆盖

为了避免秋马铃薯前期常易遭受高温、干旱和后期遭受秋霜的侵袭，也有利于促进马铃薯的生长和薯块的膨大以及今后促进油菜的生长，要对马铃薯种进行稻草覆盖。

稻草覆盖是秸秆还田的有效措施之一，覆盖稻草后，既能够抑制杂草生长，调节土壤的温度和湿度，减少土壤水分的表面蒸发和雨水对表土、肥料的淋失，提高土壤的供水、保肥能力；又能够有效地增加土壤有机质的含量，培养土壤的肥力。

一般每亩秋马铃薯田，要用 1.5～2 亩稻田的稻草，800～1 000kg 稻草，进行覆盖。

稻草覆盖的厚度以 10～15cm 为宜。覆盖过厚，不利于秋马铃薯出苗；覆盖过薄，当稻草腐烂后，马铃薯暴露在外面，青皮马铃薯太多，影响了马铃薯的品质。

覆盖稻草的方法是：在秋马铃薯播种并施肥后，及时用事先准备好的稻草，按稻草与畦垂直、草尖对草尖的方法，均匀整齐地覆盖整个畦面。

(四)油菜套种前的田间管理

秋马铃薯种用稻草覆盖后,稻草把杂草的阳光遮住,抑制了杂草的生长,杂草较少。因此,在秋马铃薯生产期内,不再进行施肥和中耕除草,主要进行水分管理并预防病害。

播种后如遇干旱,出苗前酌情灌浇一次水,以保证田间湿润,促使正常出苗和出苗整齐;

刚出苗时,如发现每行缺窝,要及时补栽,以保证基本窝不缺;

出苗 3~5 叶时,要保证每窝有 3~4 根基本苗,如果有多余,要及时的间苗;如果基本苗不够时,要及时补栽。

出苗后若继续持续高温干旱,同样要及时浇水;

若遇连续阴雨天气,要经常清理水沟,以利于排湿防涝,以免防治湿度过大而造成病害。

二、稻草覆盖　免耕套种油菜

在南方的水稻和油菜两熟的主产区,每年的 9 月中下旬,油菜开始育苗;10 月底,11 月初开始移栽油菜。

(一)选用良种

油菜一般选用浙油 50、浙油 51、浙大 617、浙大 622、浙双 72、浙油 18、等高产早熟的优良品种。

(二)适时移栽　合理密植

10 月底,覆盖马铃薯的稻草已经接近腐烂。就直接在秋马铃薯种植畦上预留的 60cm 的宽行中间,免耕撬窝移栽 2 行培育好的油菜苗。

移栽的 2 行油菜苗,要距离两边的马铃薯苗 15cm;2 行油菜之间的行距是 30cm,每行油菜之间的窝距是 26~30cm。每亩套种油菜 7 000~8 000株。移栽后及时浇水。

2m 的畦面,套种 2 个预留的宽行种植带;4m 的畦面,套种 5 个预留的宽行种植带。

至此,双行马铃薯套种双行油菜的“双套双”带植模式形成。

（三）油菜套种后的田间管理

由于摆栽马铃薯时，已经施足了底肥，加上覆盖的稻草腐烂，又增加了有机肥，所以，油菜套种后，也是不再进行地面施肥，主要管理工作是水分管理、叶面施肥和防治病虫害。

1. 水分管理

覆盖马铃薯和油菜的稻草，腐烂后保湿能力很强，基本不用浇水；但如果遇到连续干旱，一定要浇水保墒，以满足马铃薯和油菜生长的需要。还要经常清理水沟，预防秋涝发生。

2. 早查苗补缺

油菜移栽 7d 后，要及早检查套作地有无缺苗，如有缺苗，要及时补栽。

3. 病虫防治

马铃薯和油菜生长旺盛时，菜青虫、蚜虫和黏虫等为害较重，如有发现，要及时的采用适宜的农药进行防治，如采用溴氰菊酯 400 倍液进行喷雾防治。

马铃薯进入初花期后，正是马铃薯晚疫病的发病时期，经常检查地块，如果发现大田中出现少量的晚疫病中心病株，要立即拔除并销毁病株。立即采用药物防治。

每亩选用 60%钾霜铝铜可湿性粉剂 200g 或选用 70%代森锰锌可湿性粉剂 200g，对水 100kg，配制成 500 倍的药液；进行全田喷雾防治，隔 7～10d 喷洒一次，共喷 2～3 次。药物要交替使用。在马铃薯收获前 10d，禁止喷药。

4. 叶面追肥

在秋马铃薯的盛花期，油菜也正是旺盛生长时期，要每亩选用 150g 的磷酸二氢钾，对水 45kg，配制成 300 倍的磷酸二氢钾溶液，喷雾两种作物的叶面，间隔 7～10d，再喷雾一次。也可结合喷药一同进行。

（四）及时收获秋马铃薯

正常情况下，从 11 月下旬起，开始分批收获马铃薯。

把覆盖马铃薯的稻草轻轻扒开，选择大的薯块先采收，再将稻草盖好，让小薯块继续生长，以提高经济效益。

待秋马铃薯的植株，基本上都倒苗后，扒开覆盖马铃薯的稻草，把所有的薯块全部收回，稻草仍然留在田里，以提高土壤有机质，增加土壤肥力，改善土结构，保证油菜继续良好地生长。

秋马铃薯收获后，进入冬季。由于油菜有稻草继续覆盖，能顺利越冬。

（五）追施蕾薹肥

越冬后的油菜，要追施一次蕾薹肥，促使花芽分化，为春后增枝、增荚，提高粒重奠定基础。

在元旦节后至春节前，油菜抽薹现蕾时，结合早春浇水，每亩选用三元复合肥 10kg，对水浇灌油菜。

追施蕾薹肥后，实行正常的大田管理，直到收获。

第六章　菜籽油的提取与加工

第一节　中国古老的榨油技术

一、传统的榨油工艺

传统的榨油工艺是一种古老而实用的压榨法制油技术。据资料考证,早在 5 000年以前,古代劳动人民已经懂得用挤压籽仁的方法获得油脂。原始压榨机有杠杆榨、楔式榨、人力螺旋榨等。保留到现代的传统手工榨油坊,其主要榨油设备木榨油车,也不例外地沿用了压榨原理。除木榨油车外,手工榨油坊还配有炒籽、蒸胚用的灶台、磨籽用的碾盘和撞击木榨车出油的油锤等设施。榨油坊一般都建在村落集中、水源充沛、绿树掩映的小溪岸边。一般于每年农历 4 月底开始榨油。

以油菜榨油为例,传统榨油工艺大致可以分 7 个步骤。

第一、炒干。将收来的生湿油菜籽放入灶台大锅之中炒干,由一个师傅操控。炒干的标准是香而不焦,炒的过程中要注意控制好灶台火候的大小,这关系到菜油的质量是否香纯。

第二、碾粉。是将炒干的油菜籽投到碾槽中碾碎。由一个师傅操控。碾盘的动力由水车(动力的演变为牛拉→水车带动→电动)带动,水车和碾盘的直径一般都在 4m 以上,碾盘上有 3 个碾轮,所有的构件均由木材制成。由水车作为动力碾碎油菜籽一次需 30min,牛拉需 1h,电动约需 10min。

第三、蒸粉。油菜籽碾成粉末之后用木甑放入小锅蒸熟。由一个师傅操控。一般一次蒸一个饼,约需 2min,蒸熟的标准是见蒸气但不能熟透。

第四、做饼。将蒸熟的粉末填入用稻草垫底圆形的铁箍之中，做成胚饼。由一个师傅操控。一榨 50 个饼，从开始蒸粉到完成 50 个饼约需花 2h。

第五、入榨。将胚饼装入木榨车中由一根整木凿成的榨槽里，槽内右侧装上木楔就可以开榨了。由一个师傅操控。手工榨油坊的主机是木榨油车，木榨油车由一根粗硕的油槽木组成。油槽木长度必须 5m 以上，切面直径不能少于 1m，树中心凿出一个长 2m，宽 40cm 的油槽，油胚饼填装在油槽里，开榨时，掌锤的师傅，执着悬吊在空中大约 15kg 重的油锤，悠悠地撞到油槽中的进桩上，于是，被挤榨的油胚饼便流出金黄的清油，油从油槽中间的小口流出。

第六、出榨。经过 2h 后，油几乎榨尽，就可以出榨了，出榨的顺序，先撤木进、再撤木桩、最后撤饼。

第七、入缸。将榨出的菜油倒入大缸之中，并密封保存。

以上 7 步就是一个完整的传统榨油工艺，用这种木制压榨机里榨出的香油与机械压榨的香油有很大的不同，它颜色金黄且味香，热度低，桶底没有菜籽沉淀物，而且搁置时间也比机榨的菜油要长。

二、典型案例：沣峪口老油坊

沣峪口老油坊位陕西省于秦岭北麓，凤凰山脚下，西安市长安区滦镇街办辖内，沣峪口村西，距西安市 20km。

沣峪口老油坊创建于清光绪 13 年（1887 年）以前，经文物部门对油坊土板墙、地基以及油梁的磨损程度鉴定，认为距今已有 120 年以上的历史，是我国西北地区现存规模最大、年代最久、保存最完整的一座手工榨油作坊（图 6-1）。其榨油方式延续了清朝时期传统、古朴的立式（我国现存古代榨油术多为卧式）榨油方式，以河水为动力，利用杠杆原理工作，从采集原料、磨胚、蒸胚、包坨、压榨、沉淀成油，历经 30 多道工序，且不依赖任何现代机械设备，榨出的油质纯、色亮、口感好，堪称民间手工榨油技艺的活化石，具有独特的历史价值、文化价值和科普教育价值。

图 6－1　沣峪口老油坊效果图

沣峪口老油坊榨油的主要工艺流程如下。

（一）采集原料

1. 选料

老油坊选择菜籽时坚持宁选新不选陈的原则，以新菜籽为上乘原料，榨出的油色亮、质纯，口感好。

2. 晾晒（图 6－2）

晾晒是非常关键的工序，老油坊认为以菜籽呈松散状为最佳。太湿、太干都不可取，如菜籽呈现出油状，这种菜籽就不能用于榨油。

3. 去尘、去杂

用扇车（一种过去流传下来的传统农具）先除去尘土，再用筛子、簸箕等工具去除杂质（沙、土、材、壳）。

（二）炒籽

将油菜籽放入锅中炒至八成熟（图 6－3）。

（三）磨胚

（1）将选好的菜籽倒入石磨的斗牛（石磨有很多种，根据不同的原料用不同的磨，磨菜籽用拐齿石磨），开动石磨（石磨用水轮驱

图 6-2　菜籽晾晒

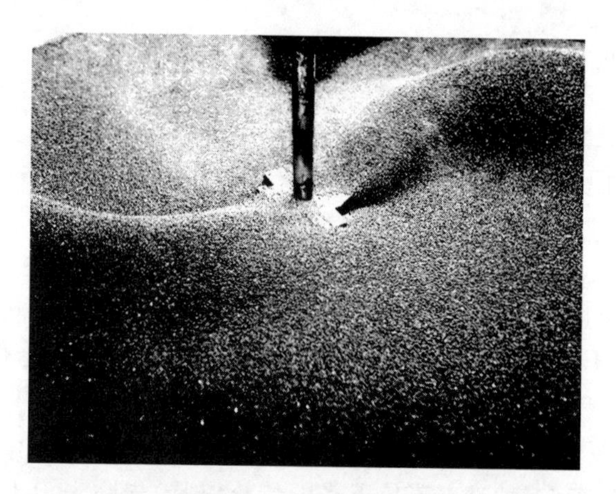

图 6-3　炒菜籽

动，也叫水磨），斗中放有竹签，用来调节石磨进料的快慢，菜籽要磨成泥状，越细越好（图 6-4）。

（2）将磨好的胚进行干湿度鉴别，由有经验的师傅用手抓胚，成团状、有膨胀感为合适，既不可太干，也不可太湿。

图 6-4　菜籽磨粉上蒸

（四）蒸胚

准备一口大锅，加水至锅高度 1/3 处，将水烧开，顺锅沿将磨好的胚用铁锨撒到蒸笼上，盖住缝隙冒上来的蒸汽，哪里冒气就给那里撒胚，直到将胚均匀放完，到气上来均匀后，将做好的油草按顺序进行覆盖（图 6-4）。在覆盖的过程中要将油草上的绳子放在锅沿上，以便于蒸好后取草方便，不至于烫手。从盖草起用大火蒸 40～60min，蒸胚一般一次能蒸 180～210kg。

（五）包坨

把蒸过的油草理顺，嵌入油圈中，将蒸好的菜籽胚装入其中，用“木拐”（用硬杂木制作成榔头状的工具）夯实，用油草将菜籽胚上部包裹严实，踩实（图 6-5）。

1. 油草的制作

（1）选草。在榨油的过程中，油草是非常重要的工具之一。光绪年间使用的是出自秦岭山区的龙须草，生产队早期改用蒲草，后期改用稻草。选草高度 100～120cm，不能霉变、腐烂。

（2）通草。将晒干的稻草去叶，用猪蹄扣（一种传统的捆扎方式，这种方法捆扎会越拉越紧）扎成直径 30cm 左右的小捆，将根部削成椭圆状。

（3）烫草。先将稻草捆根部放入沸水中，再整体放入浸泡 1min 左右。晾成半干，冷却后将猪蹄扣再次拉紧，拉力约 1t 左

图 6-5 将蒸好的菜籽包坨

右。最后进行冲洗,晾干。

2. 油圈的制作

油圈用竹皮编制而成,为直径 50cm,高度 10cm 的圈状,中心部向外凸出。

(六)榨油

用滑车将油梁吊起,将包好的油坨垒好放到出油井里,第一次放入 4 个坨,将最上和最下两个坨上的圈拿掉,将剩下的两个圈放在总高度的平均位置,用 4 个立柱将其固定,给最上面放置盖板,盖板上放置支架(即油梁的支点),逐渐松开滑车,用油梁加压。使用的过程要紧包坨,慢使梁。将压过的坨取出,粉碎,再进行一次压榨,经过两次压榨基本可将坨内的油压榨干净(图 6-6)。

(七)成油

榨出的油经油坨下的石槽流入油缸内,将油过滤、沉淀 15～30d(冬天长,夏天短)后,杂质与油分离,即可出售(图 6-7)。

图6-6　木榨油车

图6-7　木榨车榨油

第二节　压榨法制油技术的进步

1795年，随着勃拉马氏水压机的发明，动力压榨制油机械开始取代了传统的以人畜为动力的压榨机械，并广泛地应用于榨油生产，压榨制油技术发生了根本性的改变。1900 年美国 Anderson 又发明了连续式螺旋榨油机，从此，连续式螺旋榨油机成为压榨法制油的主要设备。

目前，用于压榨法制油的机械主要有液压榨油机和螺旋榨油机两种。液压榨油机虽然具有结构简单、动力消耗小等优点，但由于存在着饼粕残油率较高、生产能力小、间歇性生产，以及压榨周期长、操作麻烦、劳动强度大等缺陷，已逐渐被连续式螺旋压榨机所取代。液压式榨油机主要用于偏远的山村，以及电力比较缺乏的地区和一些特殊油料（如油棕果、油橄榄、可可仁等）的加工。

一、螺旋榨油机的原理及特点

动力螺旋榨油机的工作过程，概括的讲，是由于旋转的螺旋轴在压膛内的推进作用，使榨料连续地向前推进，同时，由于螺旋轴上螺距的缩短和根圆直径的增大，以及榨膛内径的减小，使榨膛空间体积不断缩小，从而对榨料产生压榨作用。榨料受压缩后，油脂从榨笼缝隙中挤压流出，同时榨料被压成饼块从榨膛末端排出。动力螺旋榨油机的形式很多，然而所有的螺旋榨油机都有类似的结构和工作原理，其区别仅在于主要组成部件的形式。螺旋榨油机的主要工作部件是螺旋轴、榨笼、喂料装置、调饼装置及传动变速装置等。

压榨机的特点是通过一次挤压，最大限度地将油料中的油脂压榨出来，使饼中的残油尽量的低。压榨饼作为最终产品，一般残油率在 5%～7%。其缺点是榨料在榨膛中停留时间长、压缩比大、单机处理量相对预榨机小，动力消耗大。而预榨机多用于高含油油料的预榨工艺中，通过预榨可将油料中的 60%油脂挤出，而后再进行浸出制油，使最终粕中残油率低于 1%。ZY 型预榨机的优点是产量大，单位处理量下的动力消耗较压榨机小。但由于榨料在榨膛停留时间短，压榨比小，因此饼中残油率较高，尤其是大型 ZY32 型预榨机其饼中残油率高达 16%～20%。

二、压榨制油技术

压榨制油可分为一次压榨法及预榨浸出法两种。

(一)工艺流程

1. 一次压榨法

一次压榨法基本工艺流程：

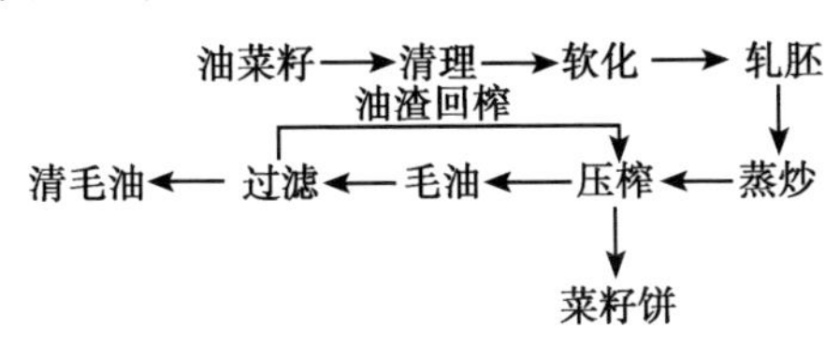

工艺过程说明：

(1)清理。油菜籽一般含杂质较多，除去并肩泥是菜籽清理中应特别注意的问题，须采用筛选—打泥—筛选过程以使杂质尽量除去，要求通过清理后菜籽中残留杂质不超过0.5%。

(2)软化。对含水分在8%以下的菜籽应进行软化后再轧胚，软化水分9%，温度50～60℃，软化时间为10min左右。若采用直接炒籽后用ZX-10型(或95型)螺旋榨油机压榨菜油，可将菜籽加水3%～4%(原料含水8%以下)，搅和均匀堆放1d，使水分透过籽皮进入内部，以对菜籽软化(或称润籽)，润籽后菜籽的水分为9%左右。

(3)轧胚。用200A-3型螺旋榨油机压榨，菜籽须轧成薄片，其生胚厚度为0.2mm左右。用ZX10型(或95型)螺旋榨油机压榨，配直接火炒籽，菜籽仅需轧破皮即可，使菜籽轧破而不碎，籽粒成梅花瓣状。但为了保证毛油质量，采用蒸炒锅取代平底炒锅，那就应将菜籽轧成薄片状，生胚厚度也为0.2mm左右。用蒸炒锅来蒸炒仅仅破皮的菜籽，往往蒸炒不充分，因为颗粒料需要更长的蒸炒时间。

(4)蒸炒。采用层式蒸炒锅蒸炒菜籽生胚，第一层锅内生胚经湿润后水分达14%～16%，经90min蒸炒后从辅助蒸炒锅出口的料胚水分为4%～6%，温度达110℃左右，再经榨机蒸炒锅30min

调整蒸炒后，入榨熟胚水分为2.5%左右，温度为125℃左右。采用平底炒锅直接火炒籽，应使菜籽湿润水分达12%～15%，在锅内烘炒25min左右，先以大火猛炒，出锅前以小火长炒，入榨料温度达125℃左右，水分为1.5%～2.5%。

上述入榨料的温度和水分与原粮食部粮油工业部所制定的榨油工厂操作规程对照，入榨料温略有下降，入榨水分略有上升，这样出油率可能会略有降低，但可以有效地提高毛油质量，以便生产出质量较好，群众满意的菜籽油，适应市场的需要。

(5)压榨。油菜籽是一种中高等含油油料，为了在保证毛油质量的前提下，尽量降低一次压榨后的干饼残油率，除了在上述工序操作应切实达到规定的工艺指标外，在螺旋榨油机的操作中应尽量做到：①强制进料，使料胚进入榨膛之前先行预压，提高物料的容重。这一点ZX10型和200A－3型榨油机均可达到。对于没有强制喂料装置的95型榨油机，应将原来喂料轴上的拨料装置改装成螺旋喂料叶片；②要有适当数量的流油缝隙以保证油路。ZX10型和200A－3型榨油机都能满足这个要求，唯95型榨油机榨笼的流油缝隙较少。可以把原来的2～6号厚度为30.5mm的榨圈，用9～13号厚度20mm的榨圈代替。这样流油缝隙可以增加，但整个榨膛的长度应保持不变；③为了保证榨膛内物料受到足够的压力和摩擦阻力，在安装榨螺和榨条时，应新旧搭配。若螺旋轴上榨螺为前段新后段旧，那么榨笼内榨圈则应前段旧后段新。此外，螺旋轴上出饼梢头与出饼圈也可以新旧搭配，这样可以较好地控制出饼厚度及榨膛内压力。

2. 预榨浸出法

预榨浸出法即首先先对油料进行预榨处理，取出一部分油脂(国内要求菜籽饼含油12%左右，国外一般要求含油16%～20%)，然后把预榨饼再进行浸出的工艺。

预榨浸出法基本工艺流程：

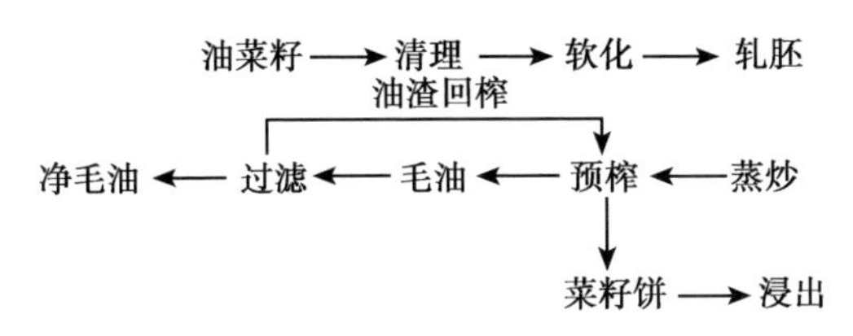

工艺过程说明：

(1)清理。该工序的工艺指标同一次压榨法。

(2)软化。软化温度掌握在70～80℃，时间20～30min，要求软化后水分调节到8%～9%。

(3)轧胚。菜籽生胚的厚度为0.35mm以下，要求胚厚均匀，胚片结实，少成粉，不露油，手握发松，松手发散。

(4)蒸炒。辅助蒸炒锅出锅料胚水分为4%～6%，温度为110℃左右。经榨机蒸炒锅调整蒸炒后，入榨料的水分为4%～5%，温度为110℃左右。

(5)预榨。新建的中大型油厂多采用202－3型预榨机进行预榨。国内也有不少油厂用200A－3型螺旋榨油机进行预榨，他们把榨油机螺旋轴的转速由8r/min提高到15r/min，出饼厚度控制为10～12mm，每台榨油机的生产能力可以提高到20～25t/d，干饼残油一般为12%左右，电动机运转电流约为26A。

采用预榨浸出法制取菜籽油的优点是：一是可以提高生产能力1～1.5倍，使生产能力由9～10t/d提高到20～25t/d；二是可以提高毛油质量，毛油油色浅；三是操作简便；四是对浸出有利；五是能降低能耗，具有较高的经济效益。

(二)操作技术要点

1. 油菜籽的清理

油菜籽在收获、曝晒、运输和贮藏过程中，虽经农村和仓储部门进行过初清理，但其中仍然夹带着部分杂质，如石子、泥灰、植物茎秆、麻绳等。这些杂质都应该通过预处理予以清除，以有利于提高出油率，减少油分损失；并有利于提高油和饼粕的质量、提高榨油机的处理能力、减少机件磨损，降低生产成本并有利于减少工场灰尘飞扬，改善环境卫生，维护操作人员身体健康。

油菜籽经清理后其中含杂量，根据国家规定的标准，不应超过0.5%；下脚料中含菜籽量不应超过1.5%。

油菜籽的清理包括筛选、磁选、清除并肩泥等过程；主要设备有振动筛、磁选机、立式圆打筛和除尘设备等。

2. 油菜籽的软化、轧胚

(1)油菜籽的软化。软化是指调节油菜籽的水分和温度，使之达到适宜的可塑性，防止轧胚时产生较大的粉末度。油菜籽含油量较高，其表皮内的籽仁比大豆、棉仁软，可塑性较大，但是菜籽颗粒表皮坚硬。通常菜籽软化时间为10min左右，软化后的适宜水分不超过9%，温度为50～60℃。菜籽在收获时常遇霉雨，往往水分较高，因此，软化操作还要根据具体情况而定。一般情况下菜籽软化不需加水，只有水分在8%以下的菜籽或陈菜籽需适当加水软化，对于水分含量高的菜籽，有时也可不经软化就轧胚。

菜籽软化设备通常采用层式软化锅，其结构与层式蒸炒锅相同，一般为2～3层。

(2)轧胚。轧胚(或称为压片)是指将油料轧成薄片的操作。油菜籽的籽仁由无数细胞组成。

轧胚时，力求轧得薄一些，均匀一些，这样对压榨法或浸出法制油都有好处。在薄而匀的情况下，料胚的粉末度要小，否则在蒸炒时容易结团，致使蒸炒不透。

轧胚的厚度，要根据榨油工艺和设备来确定。例如，对于一次压榨工艺，用动力螺旋榨油机压榨时，胚厚要求在0.2mm左右，用水压机压榨时，胚厚要求在0.2～0.3mm。对于预榨浸出，则胚厚为0.35mm以下为宜。

目前油厂中用于菜籽轧胚的设备有：三辊轧胚机、单对辊轧胚机和双对辊轧胚机等几种。

3．菜籽生胚的蒸炒

所谓蒸炒，是指将轧胚后所得到的生胚，经过加水（湿润）、加热（蒸胚）、干燥（炒胚）等处理，使之成为适合压榨的熟胚的过程。

菜籽生胚蒸炒一般采用湿润蒸炒和直接火炒两种方法。

（1）湿润蒸炒。湿润蒸炒基本上可以分成湿润、蒸胚、炒胚 3 个阶段。

湿润蒸炒应掌握的操作要点：①湿润阶段应保持蒸炒锅密闭。辅助蒸炒锅的第一层蒸锅，除料胚的进料孔之外其余部分都要加盖，同时应关闭第一层蒸锅的排气管阀以防止水分散失。为了使料胚有充分时间与水分接触以保证湿润均匀，第一层蒸锅的装料高度一般可达 80%～90%，菜籽生胚经湿润后的水分含量一般为 14%～16%。但应指出，为保证熟胚低水分入榨，上述最高湿润水分必须有足够的蒸炒条件与之相配合，若蒸炒设备不足，没有足够的时间除去料胚水分，则应根据具体条件适当降低湿润水分。②蒸胚阶段应使料胚蒸透蒸匀。以五层蒸炒锅为例，第一层蒸锅以湿润为主，第二、第三层蒸锅则以蒸胚为主。在操作中应做到蒸锅密闭，关闭排气管阀以防水分散失。装料较满，一般可装满蒸锅的 80%左右。这样持有利于加热均匀，保证蒸胚所需要的时间。经过蒸胚，料胚的温度应提高到 95～100℃。以时间计，湿润和蒸胚需 50～60min。③炒胚阶段主要是加热去水使料胚达到适宜的入榨低水分。从辅助蒸炒锅的底下两层蒸锅直至榨油机上蒸炒锅的底层都属炒胚阶段。为尽快排除料胚中的水分，应打开排气管阀进行排汽。此外锅中存料要少，装料量一般控制在 40%。辅助蒸炒锅出料时应保证料胚温度为 110℃左右，水分在 4%～6%。榨机蒸炒锅进一步对料胚的水分和温度进行调节，继续炒胚排除水分，同时合料胚温度上升。对于动力螺旋榨油机一次压榨菜籽油时，其入榨料胚的水分为 2.5%左右，温度为 123～125℃。这时用感现鉴定熟胚应稍显油渍，呈黄色成深黄色，松散而具有良好的可塑性。如果抓一些熟胚在手掌中，用手掌一捏就出油，手掌一松开，料胚还原且有一定的弹性，而油分则收敛。④应保证足够的蒸炒时间。通常蒸炒时间应在 2h 左右，即料胚在辅助蒸炒锅内 90min 左右，榨机蒸炒锅内 30min 左右。某些油厂由于料胚的蒸炒时间不够，或蒸炒锅供料不匀以致断料空锅，虽然入榨熟胚的温度水分均已达到要求，因各种成分的变化不彻底，往往出现出油率低、干饼残油率高或饼松易碎等不正常现象。⑤层式蒸炒锅使用蒸汽进行高温操作，应该注意安全。工作蒸汽的压力应维持在 5～7kg/cm^2，不应太高。蒸炒蜗开车前，应当首先排除蒸汽夹层中的冷凝水，否则冷凝水遇到温度很高的蒸汽会产生爆炸声，易使焊缝渗漏。蒸炒锅应先预热 20min 后再空车运转，空车运转正常后才投料。停车前要逐层长闭蒸汽网，待料胚走完后再停车，并放出夹层内的冷凝水。

(2)直接火炒籽。小型油厂由于条件限制，多半采用直接火炒籽。直接火炒籽常用的设备是平底炒锅，其结构如图 6－8 所示。

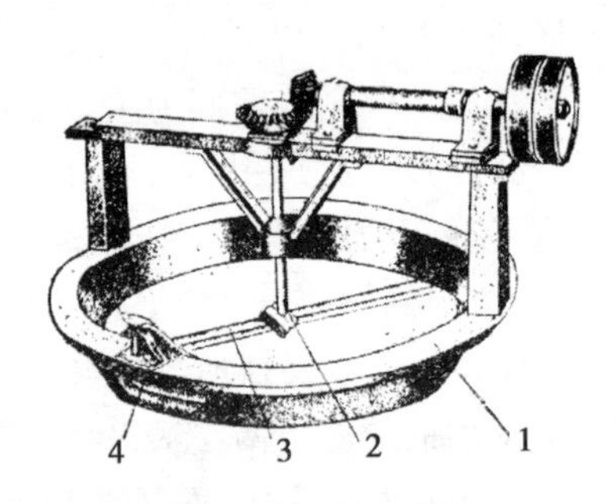

图 6－8　平底炒锅

平底炒锅为间歇式烘炒设备，与 ZX10 型(原 95 型)螺旋榨油机配套使用，一般每台榨机需配备一台平底炒锅，或者二台榨机配备三台平底炒锅。平底炒锅的炉灶砌成阶梯形，菜籽经第一口平底炒锅炒后，打开出料门，在刮刀的搅拌下即自流入下一口平底炒锅。

平底炒锅操作时应注意烧火均匀，先以较旺的火力烘炒，待料胚快出锅时小火烘炒几分钟，即可出锅。出锅动作要快，以免剩余的料胚留在锅内被炒焦。

4. 榨油

榨油通过榨油设备来实施。常见的榨油机有95型螺旋榨油机、ZX10型、200A－3型、202－3型、6LY－100型榨油机等。

(1)95型螺旋榨油机。95型螺旋榨油机如图6－9所示，是我国自制的一种小型棉油机，它的结构比较简单，压力较高，可连续处理物料。劳动强度低，适合于农村小型工厂的生产。能够适用于压榨多种油料，比如花生、菜籽、芝麻、大豆、棉籽等等。

图6－9　95型螺旋榨油机

95型榨油机由进料机构、螺旋轴、榨螺和榨条、出饼机构、传动系统和机架、机座组成(图6－10)。

(2)ZX10型螺旋榨油机。ZX10型螺旋榨油机如图6－10所示，它是以原95型螺旋榨油机为基础，进行改进设计研制成功的。该机与原95型榨油机相比较，结构合理，尤其是喂料部分和榨膛的改进，提高了工艺效果。该机具有操作简便、性能稳定、单机重量轻，运转平稳，无异常振动和噪声，齿轮箱无渗漏现象等优点。

ZX10型螺旋榨油机的基本工作原理是依靠榨螺螺纹旋转，将料胚向前推进，由于榨螺根圆直径和螺纹宽度的增大，以及螺距

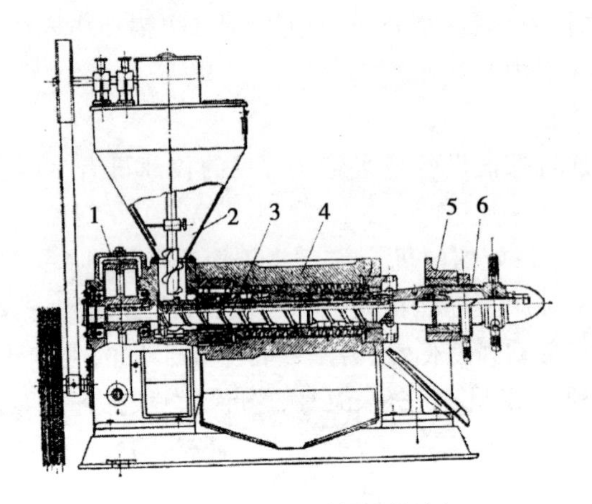

图 6－10　ZX10 型螺旋榨油机

1. 变速箱　2. 进料斗　3. 螺旋轴　4. 榨笼　5. 机架　6. 出饼调节机构

的缩小,使榨膛内各段空间容积逐渐减少,从而对料胚产生了挤压力。同时,螺旋轴可由调节螺栓部分进行调节,使其作轴向路动,以调节出饼推拔头与出饼圈之间的间隙,使饼变薄,从而增加了整个榨膛的空间容积比,加大榨膛内的压力。除此之外,ZX10 型榨油机运转时,料胚在榨膛内呈运动状态,不仅有轴向移动,而且还有径向移动(均为不规则运动),这样就造成了料胚与榨条、榨圈,料胚与榨螺,料胚与料胚之间的摩擦阻力,这些摩擦阻力对不断打开料胚微粒之间的油路,具有一定的好处。同时,由于摩擦所产生的热量,使料胚在榨膛内温度进一步升高(一般比入榨料胚的温度上升 20～30℃),有助于促进料胚中蛋白质变性,破坏细胞结构,增加料胚的可塑性,降低油的黏度,使油更容易被挤压出来。这也就是该机出油率较高的原因之一。根据测定计算,该机榨膛的最大压力值为 250～447kg/cm^2,在如此高的压力下,螺旋轴的转速较快,料胚在榨膛内时间很短,仅 30～45s。

ZX10 型螺旋榨油机的变速箱设计较原 95 型螺旋榨油机有所改进,由于改变了圆柱齿轮的模数和齿数,使变速箱的速比有所增加;同时由于变速箱内主动轴上增设了甩油盘,在轴承盖处增装了耐油橡胶密封圈,在箱体下部装了圆形油标。这样,既改善了润滑条件,保证齿轮箱不渗漏,又有利于观察及操作。

(3)200A-3型螺旋榨油机。200A-3型螺旋榨油机如图6-11所示,它是目前国内比较成熟的一种榨油机,它具有结构紧凑、处理量大、操作简便、主要零部件坚固耐用等优点。该机还附装有榨机蒸炒锅,可调节入榨料胚的温度及水分,以取得较好的压榨效果。该机与辅助蒸炒锅配合,基本上实现了连续化生产。

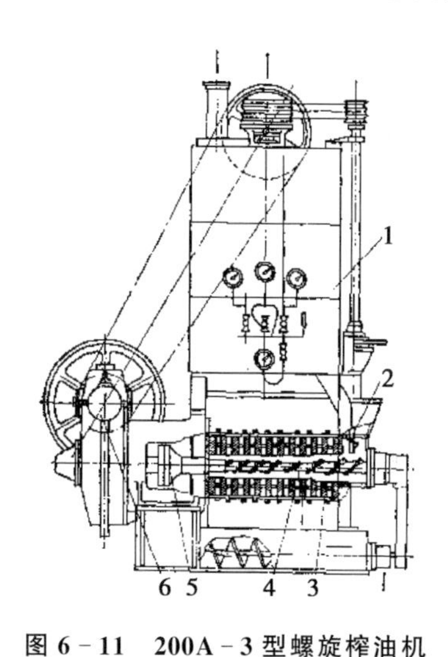

图6-11 200A-3型螺旋榨油机

1. 榨机蒸炒锅 2. 进料装置 3. 榨笼 4. 螺旋轴
5. 校饼机构 6. 传动系统

该机工作原理与ZX-10型螺旋榨油机相同。其主要结构大致可分为为进料装量、螺旋轴、榨笼、校饼机构、榨机蒸炒锅和传动系统等六个部分,采用二级压榨系统。

(4)6LY-100型榨油机。最新的螺旋榨油机首推6LY-100型100型榨油机(图6-12),该机是引进韩国技术,并经中国农业机械化研究院粮油食品研究所研制改进,有进一步创新的新一代高效节能榨油设备。该机符合农业部农用螺旋榨油机技术条件和标准要求,其加工生产的油品原汁原味,保真纯正,是创建“现代油坊”的最佳选择。

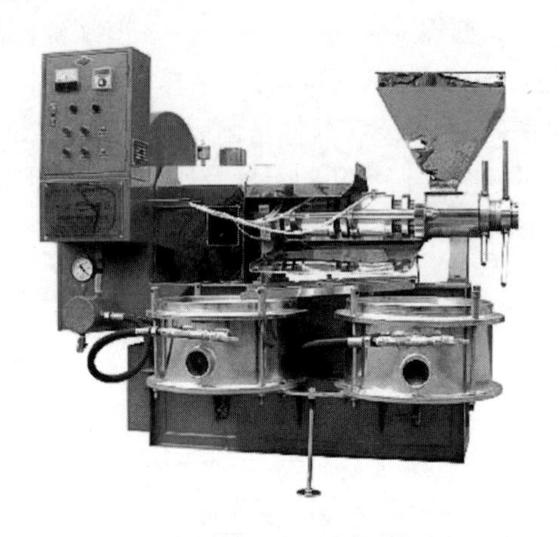

图 6-12　6LY-100 型型榨油机

6LY-100 榨油机主要由电器控制、自动加热、调整、传动和真空滤油等部件组成。榨螺由合金钢经渗碳处理,增强表面硬度和耐磨性;榨排经平面磨床磨制,保证油线精度,提高出油率;配电、真空、自动加热等标准部件,选用国内知名品牌,优化机器配置;机器表面采用不锈钢及镀铬处理,符合食品卫生标准。该机设计先进、外形美观、性能可靠、操作简捷、维护方便。其主要特点是:①节能:同等产量可降低电功率 40%,以平均每小时节约 6 度电计算,日生产可节约 30 元电费;②省工:同等产量可节约劳力 60%,1～2 人便可组织生产,日可节省劳效成本约 40 元;③用途广:一机多用,榨花生、芝麻、菜籽、大豆、油葵、胡麻等 20 多种油作物。三级压榨,一次榨净;④占地小:油坊仅需 10～20m^2 便能满足生产需要。

6LY-100 型 100 型榨油机主要技术参数如下。

外形尺寸:1 800mm×1 400mm×2 050mm;整机重量:1 150

kg;配用动力:7.5kw;榨螺直径:100mm;榨螺转速:37r/min;小时生产率:200kg;出油率:15%~65%。

第三节　浸出法制取菜籽油

浸出法制油是一种较压榨法更为先进的方法,它具有的优点是:出油效率高,达90%~99%;粕残油率低,0.5%~1.5%,粕的质量好;动力消耗较压榨法小,劳动强度低,生产率高,加工成本低;生产条件良好。其缺点一是毛油含非油物质量较多,色泽较深,并且由于浸出毛油中残留溶剂,所以其质量较压榨毛油差,不能直接食用;二是采用的溶剂易燃易爆,且溶剂蒸汽具有一定的毒性,生产的安全性较差。如生产操作不当,有发生燃烧、爆炸和发生毒害的危险。但上述缺点不难克服:①浸出毛油经过适当地精炼即可得到符合质量标准的成品油;②在生产中加强安全技术管理,可以避免发生事故,能有效防溶剂的易燃易爆。

浸出法作为一种先进的制油工艺,近年来已得到了较大的发展。

一、浸出法的基本原理和工艺流程

(一)基本原理

油脂浸出亦称萃取,是用有机溶剂提取油料中油脂的工艺过程。油料的浸出,可视为固、液萃取,它是利用溶剂对不同物质具有不同溶解度的性质,将固体物料中有关成分加以分离的过程。在浸出时,油料用溶剂处理,其中易溶解的成分(主要是油脂)就溶解于溶剂。当油料浸出在静止的情况下进行时,油脂以分子的形式进行转移,属分子扩散。但浸出过程中大多是在溶剂与料粒之间有相对运动的情况下进行的,因此,它除了有分子扩散外,还有取决于溶剂流动情况的对流扩散过程。

浸出选择的溶剂应满足如下要求:在室温或稍高温度下能以任何比例溶解油脂,而对水的溶解度很小;具有较好的挥发性,在加热时易从混合油或湿粕中挥发出来而与油脂分离；沸点范围小；具有一定的化学稳定性，不易燃烧爆炸而且不具毒性；价格低廉，供应充足。事实上到现在为止，还尚未找到完全符合上述要求的比较理想的溶剂。目前我国油脂浸出普遍采用的溶剂是锦州石油六厂生产的6号溶剂油。

随着浸出制油法的逐步推广，我国已有多家科研院所、生产企业生产了专用于连续式浸出的生产设备，如江西省粮油科学技术研究所根据浸出法的基本原理，研制成功了小型溶剂浸泡浸出法高效制取油饼(枯)中油脂的新型设备。该浸出制油设备可将料饼中绝大部分残余油脂提取出来，使干粕中残油降低至1.0%以下。采用该项技术可大大地提高中小型油脂生产企业的生产效益，增强了企业的竞争力。

(二)工艺流程

浸出法制油工艺可以划分为；油脂浸出，湿粕处理、混合油处理和溶剂回收等四个系统。在溶剂回收系统中，对自由气体采用冷凝、吸收、吸附、冷冻等各种方法来回收其中所含的溶剂。其工艺流程如下。

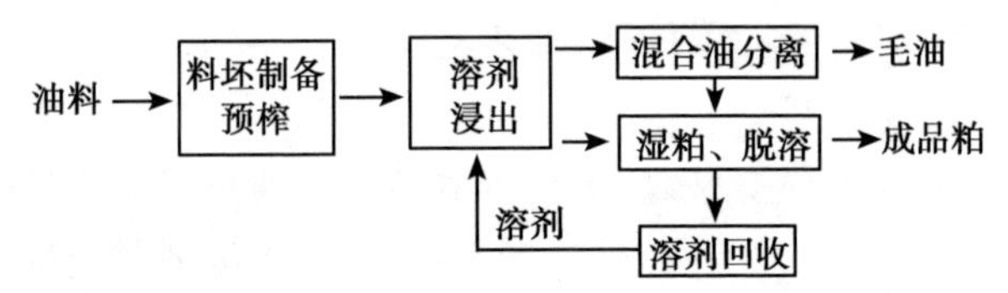

二、浸出法制油工艺的分类

(一)按操作方式分

可分成间歇式浸出和连续式浸出。

1. 间歇式浸出

料胚进入浸出器，粕自浸出器中卸出，新鲜溶剂的注入和浓混合油的抽出等工艺操作，都是分批、间断、周期性进行的浸出过程属于这种工艺类型。

2. 连续式浸出

料胚进入浸出器，粕自浸出器中卸出，新鲜溶剂的注入和浓混合油的抽出等工艺操作，都是连续不断进行的浸出过程属于这种工艺类型。

(二)按接触方式

浸出法制油工艺可分成浸泡式浸出、喷淋式浸出和混合式浸出。

1. 浸泡式浸出

料胚浸泡在溶剂中完成浸出过程的叫浸泡式浸出。属浸泡式的浸出设备有罐组式，另外还有弓型、U 型和 Y 型浸出器等。

2. 喷淋式浸出

溶剂呈喷淋状态与料胚接触而完成浸出过程者被称为喷淋式浸出，属喷淋式的浸出设备有履带式浸出器等。

3. 混合式浸出

这是一种喷淋与浸泡相结合的浸出方式，属于混合式的浸出设备有平转式浸出器和环形浸出器等。

(三)按生产方法

可分为直接浸出和预榨浸出。

1. 直接浸出

直接浸出也称一次浸出。它是将油料经预处理后直接进行浸出制油工艺过程。此工艺适合于加工含油量较低的油料。

2. 预榨浸出

预榨浸出油料经预榨取出部分油脂，再将含油较高的饼进行浸出的工艺过程。此工艺适用于含油量较高的油料。

三、菜籽饼浸出制油操作技术要点

(一)浸出

平转式浸出器为菜籽饼浸出的主要设备，国内最常用平转浸出器的生产能力为 30t/d、50t/d 和 80t/d。这种平转浸出器的技术特征见表 6-1。

表 6-1　平转浸出器的技术参数

项目	参数	项目	参数
处理量(t/24h 菜籽饼)	80	进入浸出器的菜籽饼温度(℃)	50～55
转动体外直径(mm)	4 000	进入浸出器的菜籽饼水分(%)	6 以下
转动体内直径(mm)	1 600		
浸出格高度(mm)	1 650	干粕残油率(%)	1 以下
料层高度(mm)	1 300	混合油浓度(%)	14～15
浸出格数	18	湿粕含溶剂量(%)	20 左右
循环泵个数	6	浸出器外形尺寸直径(mm)×高(mm)	4 350×5 700
转动体转速(r/min)	117		
有效浸出时间(min)	71.5	转动体配用电动机功率(kW)	2.2

平转浸出器浸出菜籽饼采用“喷淋→沥干→喷淋”的间歇大喷淋方式。其喷淋系统由 18 个浸出格、6 个集油格、1 个出粕格、5 个混合油喷淋管和一个新鲜溶剂喷淋管组成。为了充分发挥平转式浸出器浸泡和渗滤相结合的作用，提高对流扩散及浸洗效果，喷淋段料格中喷入的混合油量应将料面淹没 30～50mm 为宜。

影响菜籽饼浸出效率的因素主要有以下几点。

1. 预榨饼的大小

如预榨饼块太大，则与溶剂的接触表面积就相对缩小，饼块内部扩散到溶剂中去的过程也相对延长，阻力加大，要达到一定的干粕残油率，势必延长浸出时间。故预榨饼块应小而薄为好，但这样又容易使粉末度增加，不利于溶剂的渗透，同样也会影响浸出效果。所以，要求菜饼块最大对角线不超过 15mm，粉末度不超过 5%(30 目/英寸)。

2. 预榨饼含水量的高低

预榨饼水分含量要适当，如含水量过高会影响溶剂的渗透，因此，要求预榨饼的水分以 4%～6%为宜。

3. 浸出温度

提高浸出湿度可以促进扩散作用，有利于提高浸出效率。但若浸出温度达到溶剂沸点，就会使溶剂大量汽化，使浸出难以进行。因此，浸出温度一般应比溶剂沸点低5～10℃。我国采用的6号溶剂，初沸点60℃，故浸出温度一般应掌握在50℃左右为宜。这就要求入浸菜籽饼的温度为50～55℃，饼温过高需冷却后才能进入浸出器。喷入新鲜溶剂温度为50～55℃。冬季温度较低，可开蒸汽适当预热新鲜溶剂。

4. 料层高度

料层越高，浸出设备的利用率就越高，但料层过高，加之预榨饼中含有一定量的粉末，容易被压成块，不仅缩小了预榨饼与溶剂的接触表面积，而且增大了溶剂渗透阻力，使浸出过程难以进行。国内平转浸出器浸出格高度为1 650mm，装料量为料格的80%～85%，料层高度一般可控制在3 300mm左右。

5. 浸出时间

浸出时间越长，饼中油分有足够时间扩散到溶剂中去，因此粕中残油越低。但粕中油分降至一定程度时，即使延长浸出时间，其残油率也几乎不再降低，因此，过分延长浸出时间在经济上并不合算。相反，过分缩短浸出时间，由于受到预榨饼性质、浸出温度、浸出方式等诸因素的限制和影响，也难以达到较低的干粕残油率。按国内现有设备和工艺状况，要求菜饼干粕残油达到1%以下，有效浸出时间需70min左右。

6. 混合油浓度及溶剂比

为了增大浓度差，提高浸出速率，降低粕中残油，操作中最好把混合油浓度控制得低一些，但混合油浓度越低，混合油中的溶剂数量就越多，这就增大了混合油蒸发、汽提及溶剂蒸汽冷凝、冷却的负荷，使煤耗量及水耗量增加。为了降低粕中残油，适当提高混合油浓度，在平转浸出器中采取了溶剂(或混合油)与料坯逆流径出的方式。此外，加入浸出器的新鲜溶剂量对混合油浓度的控制也有很大影响。在单位时间里加入浸出器的新鲜溶剂量多,虽然增加了浓度差和浸出速度,粕中残油可以降低,但混合油浓度也要降低。相反,新鲜溶剂加入量过少,也会影响浸出效果。因此,单位时间内预榨饼与新鲜溶剂加入量之间应有一个适当的比例,即溶剂比。根据国内预榨菜籽饼浸出的生产实践,当菜籽饼含油为12%～19%时,溶剂比应掌握在1∶0.8～1.1。

(二)脱溶烘干

从平转浸出器卸出的湿粕中,一般含有20%左右的溶剂,为了使其中所含的溶剂得以回收,获得质量较好的粕,可采用加热蒸脱溶剂的方法。通过加热蒸脱后,成品粕应无溶剂味,引爆试验合格,溶剂含量在400mg/kg以下,水分含量12%以下,粕熟化,不焦不糊。

浸出菜籽粕蒸脱溶剂的设备是高料层蒸烘机。它与卧式烘干机相比,具有脱溶效果好,处理量大,消耗功率少,蒸汽用量小,制造简单,节省钢材等优点。高料层蒸烘机分上、下两层蒸烘缸。不同处理量的几种高料层蒸烘机的技术参数见表6-2。

表6-2　高料层蒸烘机的技术参数

项目	不同处理量的参数		
处理量(t/24h,湿粕)	15～25	35～45	50～70
上层蒸脱缸直径(mm)	1 000	1 300	1 500
蒸脱缸高度(mm)	2 000	2 000	2 000
蒸脱缸料层高度(m)	1.0～1.2	1.0～1.2	1.0～1.2
蒸脱时间(min)	30	30	30
直接蒸汽压力(kg/cm^2)	0.3～1	0.3～1	0.3～1
底盘开孔数(孔径2mm)	110	165	350
下层烘缸直径(mm)	1 000	1 300	1 500
烘缸高度(mm)	700	700	700
烘缸料层高度(mm)	400	400	400
烘粕时间(min)	8	8	8

（续表）

项目	不同处理量的参数		
间接蒸汽压力(kg/cm^2)	5～6	5～6	5～6
搅拌轴转速(r/min)	15～16	15～16	15～16
干粕残留溶剂	700mg/kg 以下	700mg/kg 以下	700mg/kg 以下
粕中含水分(%)	12%以内	12%以内	12%以内
配用电动机功率(kW)	5.5	7.5	10

菜饼湿拍进入上层蒸脱缸 20min 后，调节直接蒸汽的压力大小(直接蒸汽先经汽水分离器分离其中所含水分，保持一定的干度)，使混合蒸汽的湿度保持在 70～80℃，以得到最好的脱溶效果。下层烘缸间接蒸汽压力为 5～6kg/cm^2，烘后干粕温度为 104～109℃。由高料层蒸烘机蒸出的溶剂—蒸汽的混合气体中带有一定数量的粕末；需经湿式捕粕器除去粕末，捕粕器使用的热水温度为 70～80℃。料粕在下层烘缸蒸烘后，定期取样作引爆试验(700ml 粕样置于 1 000ml 广口瓶中，在安全地点冷却至室温，摇动数次，然后开盖迅速用火点试。若不爆、不燃即为合格)，达到规定要求后用出粕绞笼和斗式提升机将成品粕送入粕库。

(三)混合油的蒸发和汽提

混合油在进行蒸发、汽提之前，应先进行预处理，以除去其中的固体粕末及胶黏物质，为混合油的处理创造条件。

常用的预处理方法有：过滤(用专门的混合油过滤器过滤)，离心沉降(用旋液分离器分离混合油中的粕末)和重力沉降(用盐水罐离析混合油中的粕屑及胶黏物质，净化的混合油溢流至贮罐)。

混合油的蒸发是利用油脂几乎不挥发，而溶剂沸点低易于挥发的特点，因而在加热时，溶剂大部分汽化蒸出，从而使混合油中油脂的浓度大大提高。蒸发设备分常压蒸发和减压蒸发两种，国内通用的常压蒸发器为长管蒸发器，即升膜式蒸发器，其特点是加热管道长，混合油经预热后由下部进入加热管内，迅速沸腾，部分溶剂汽化,生成的蒸汽高速上升,混合油为上升蒸汽所带动,也沿着管壁成膜状迅速上升,并在此过程中继续蒸发。出于在薄膜状态下进行传热,故蒸发效率很高。为了保证蒸发效果,目前许多油厂都采用2个长管蒸发器串联。浓度为15%左右的稀混合油经预热后温度为60~65℃,进入第一长管蒸发器,用压力为2~3kg/cm^{2}的间接蒸汽加热,使混合油的出口温度控制在80~85℃,这样混合油浓度将提高到60%~65%。在第二长管蒸发器内,用压力为3kg/cm^{2}的间接蒸汽加热,使浓混合油的出口温度控制在100℃左右,经蒸发后浓混合油浓度达90%以上。汽提即蒸汽蒸馏,因混合油浓度大大提高后,其沸点也显著升高,再除去混合油中剩余的溶剂就相当困难,向沸点很高的浓混合油内通入一定压力的直接蒸汽,使蒸汽和溶剂蒸汽压之和与外压平衡,混合油即沸腾起来,未凝结的直接蒸汽夹带着蒸馏出的溶剂一起流至冷凝器。目前我国广泛采用的混合油汽提设备有管式汽提塔和层碟式汽提塔。管式汽提塔适合于中小型油厂浓混合油的汽提,层碟式汽提塔适合广中大型油厂。

(四)溶剂蒸汽的冷凝、冷却

在湿粕的脱溶烘干和混合油的蒸发、汽提等工序中,产生了大量的溶剂蒸汽,须冷凝、冷却予以回收。各种设备蒸出的蒸汽量多少不等,组分也不同。一般来说,蒸烘机蒸出的溶剂—水混合蒸汽量最大,蒸发器蒸出的溶剂蒸汽量次之,汽提塔蒸出的溶剂—水混合蒸汽量又次之。因此,应根据蒸汽量配备具有适当冷凝面积的冷凝器。浸出油厂所用的冷凝器,以列管式冷凝器为最多,其次为喷淋式冷凝器。列管式冷凝器经选定型后,其冷凝面积系列为10m^2、16m^2、25m^2、40m^2、60m^2、80m^2、100m^2。其结构分一般列管冷凝器和浮头式列管冷凝器2种;最好采用双管程或四管程内冷式列管冷凝器。喷淋式冷凝器尽管冷凝效果较差,但因具有结构简单,检修和消洗均很方便,适宜于冷却水水质较差的情况下使用等优点,也有一定程度的使用。

由第一、第二长管蒸发器蒸出来的溶剂汽体内因不含蒸汽，经冷凝后可直接流入循环溶剂罐，循环使用，而蒸烘机和汽提塔的蒸汽因冷凝液中含有较多的水，需用分水箱将溶剂和水分离开来，以回收溶剂，并对废水中的溶剂进行回收。

从自由气体中回收溶剂，对降低浸出法溶剂损耗具有显著效果。自由气体中溶剂的回收有油吸收、石蜡吸收、活性炭吸附或冷冻等方法。从经济成本和实际效果来看，比较好的是液态石蜡吸收法。

第四节　菜籽油制取技术研究新动向

一、预榨浸出法制油应用最为广泛

当前应用最为成熟、工业化生产最为广泛的制油工艺仍是预榨浸出法。预榨浸出法工艺先进，其加工程序包括油菜籽预处理、压胚、蒸胚、预榨和浸提，即先用压榨机榨出18%～19%的油分，然后再对预榨饼进行溶剂浸出，可以使干饼的残油量降低到2%～3%，预榨浸出法的出油率明显高于一般的单一机榨法。如进一步采取措施，将油菜籽调整到适当的水分含量后，再采用酶法预处理，提高出油率的效果更加明显。因此，该工艺的最大优点是出油率高，浸出后蒸汽脱溶粕的残油较低，一般为1%左右。预榨浸出工艺可得到毛油和含较多抗营养因子成分（硫苷、植酸、酚类物质）的饼粕两种产品。但由于经过高温蒸炒和压榨，油菜籽中的几种重要氨基酸也受到了较严重的破坏，如作为菜籽粕第一限制性氨基酸的赖氨酸含量下降60%左右，而其他氨基酸含量也有较大幅度下降。针对上述工艺得到的饼粕硫苷及其降解产物含量高，仍需后处理脱毒的缺点，有学者对此进行了改进，在实验室水平上提出了过程脱毒的工艺路线。钱和等对硫苷非酶降解的机理进行了研究，利用加压热处理并添加非酶降解促进剂，在蒸炒过程中硫苷非酶降解率达到90%，并避免了腈类的大量生成。周瑞宝等利用天然的油菜籽内源硫苷酶分解硫苷的专一性，在油菜籽清选后，将油菜籽调到适宜的温度和水分，进行适度破碎，在专用水解设备中进行酶水解，使硫苷分解成挥发性的 ITC、RCN，这些产物在蒸炒压榨过程中容易随蒸汽一起被蒸发出去。然后进行适度的挤压(115℃)，脱去部分油脂，再进行有机溶剂浸出，得到的粕生物学效价高。

由于经过高温长时处理且所用原料未脱皮，现行的油菜籽制油工艺使得粕和油的质量都较差。为了克服这一缺点，国外已提出了一项油菜籽加工新技术，即“脱皮—冷榨—浸出”工艺，并建立了油菜籽脱皮冷榨中试厂。油菜籽脱皮后去除了部分抗营养因子。由该工艺得到的冷榨菜籽油因避免了热处理，保留了菜籽油的纯天然特性和营养价值，同时压榨饼的质量也得到大幅度的提高，为进一步利用创造了条件。国内武汉工业学院胡健华等也对此进行了研究，并建成我国首条油菜籽脱皮冷榨生产线。中国农业科学院油料所也开展了这方面的研究。

二、一项新的制油技术——直接浸出法制油

油菜籽经预处理轧坯后直接用溶剂浸出油脂。此法的出油率略低于上法，为了进一步提高出油率，可以采用酶(主要是纤维素酶、半纤维素酶和果胶酶)预处理油菜籽，破坏细胞壁，使油脂更容易浸出。由于生产过程在较低温度下进行，可以得到蛋白质变性程度很小的低温粕，以用于油料蛋白的提取和利用。但得到的粕仍需进行脱毒方可作为饲用。

作为对传统浸出法制油的改进，脱皮和挤压膨化技术正成为双低油菜籽高效加工的新技术。国内武汉工业学院、中国农业科学院油料所和无锡粮科院都对此进行了研究。油菜籽脱皮后，经挤压膨化机处理，预先挤出部分油脂并形成一定的结构料粒，再进行浸出，可提高油得率。油料在浸出前进行挤压膨化预处理是一种适宜于多种油料的生产工艺。近几年，该技术在国外已得到迅猛发展。目前，美国、印度、瑞士等国均有膨化机生产厂家。

三、其他制油工艺的研究

上述传统油菜籽制油工艺都是以取油为主要目的，油脂得率高，但它们也存在饼粕利用率低的明显缺点。传统工艺得到的饼粕含有较多的抗营养因子，不能直接应用，必须经过脱毒处理，这无疑会增生产成本；溶剂法引起的环境问题也不容忽视。为了克服传统制油工艺的缺点，已有不少学者或在实验室水平或在中试规模上研究了下面几种制油工艺。

（一）双液相萃取法制油

此法是加拿大 Rubin 首次提出。为了得到无毒饼粕，把破碎了的油菜籽用互不相溶的两种溶剂，一个极性相（氨-甲醇），一个非极性相（己烷）同时或顺序处理，以非极性相溶剂萃取油，极性相溶剂脱除油菜籽中有毒物质。此法在取油的同时能够得到无毒或低毒且蛋白变性程度小的饼粕。后有学者对此工艺做了改进，用少量的助剂代替氨与甲醇、水组成极性相。但由于环境及能耗问题，此工艺要实现工业化还必须进一步研究。

（二）水剂法制油

水剂法（又称水提法）制油即借助水的作用，利用油料中非油成分对水和油亲和力的不同以及油水之间的密度差，将油分离出来。1956 年，Sugamoan 首先使用水剂法从花生中同时分离出油和蛋白质。其特点是：和浸出法相比，以水为溶剂，食品安全性好，无有机溶剂浸提所引起的环境问题；和压榨法相比，条件温和，能够在制取高品质油脂的同时，获得变性程度小、生物学效价高的蛋白或饼粕。水剂法制油有两种基本工艺路线：一是沿用分离蛋白的生产路线；二是采用浓缩蛋白生产的工艺路线。对于油菜籽而言，通常采用后者。水剂法制取菜籽油的最大优点是提油和脱毒同步进行。通过调节 pH 值或热变性作用使蛋白质固相沉淀，大部分油菜籽中的抗营养因子溶于水被除去，得到的浓缩蛋白产品含毒素少，生物效价高。Henryk 将油菜籽干法磨碎后，沸水处理灭酶（5min），再将 pH 值调至 7.3，二次磨浆，调节 pH 值，加水搅拌 1h 后高速离心得到油、乳化层、水相和固相沉淀。总油得率为 90%。此法和传统工艺相比,制取的油中游离脂肪酸、磷脂及硫含量降低,过氧化值低,同时粕的质量好。

国内李瑚传、周瑞宝等分别在实验室和中试规模上对此法进行了研究。他们先将完整油菜籽热钝化灭酶(90~110℃),以免硫苷水解,同时使蛋白质充分变性(而不是品质劣变),然后将油菜籽充分研磨,加水浸取,再进行离心分离得到油、废水和固相沉淀。在这一工艺过程中,油菜籽中大部分抗营养成分均溶于水而被除去,变性菜籽蛋白和其他不溶物形成沉淀,经脱水干燥后得到饲用菜籽浓缩蛋白。因为先进行钝化硫苷酶,硫苷是完整地进入浸取废水中,避免了硫苷降解物对菜籽油的污染,得到的菜籽油色泽浅、含硫量低。出油率为 88%~90%,饲用菜籽浓缩蛋白得率为 40%。

此法的不足之处是,要想得到较高的出油率,必须将油菜籽研磨得很细(20μm),这对于工业化生产来说较为困难。此法蛋白的得率低,废水的处理也会增加相应的能耗。

(三)水酶法制油

上述水剂法是借助超微磨机的机械作用,彻底破坏油菜籽细胞壁,以及撕裂脂小体蛋白膜,使油脂聚集并释放出来。为了彻底破坏细胞结构,油菜籽必须研磨得很细。和水剂法不同,水酶法是在一定机械破碎的程度上(并不要求磨得很细),借助酶和水的作用,即利用纤维素酶、果胶酶和蛋白酶等作用于油料的细胞壁和脂小体蛋白膜,使油脂能够最大限度地释放和聚集并同时回收低变性蛋白质。这种方法 20 世纪 70 年代便已诞生,但限于酶的昂贵成本,发展并不快。近年来,随着酶制剂工业的发展,以及对环境问题的日益重视,国内外学者纷纷开展了对水酶法制油的研究,对象涉及大豆、花生、油菜籽、葵花籽、玉米胚芽、椰子、橄榄和米糠等各种油料作物、水果和农副产品。和水剂法一样,油菜籽水酶法制油也有两条工艺路线。国外报道的研究大都采用的是浓缩蛋白的生产路线，油水分离后，蛋白质固相沉淀，而抗营养因子溶于水中得到去除。

据 Rosenthal 等的综述中报道：Lanzani 最先将水酶法应用到油菜籽制油中。Lanzani 使用了蛋白酶和果胶酶，油得率为 78%。Fullbrook 尝试用黑曲霉产生的复合酶水解油菜籽，油和蛋白得率增加，加入有机溶剂提油效果更好。1990 年，Fereidoon 在中试工厂应用水酶法提取双低菜籽油和蛋白质。他们采用的也是一种来源自黑曲霉的复合酶，该酶能有效地降解油菜籽细胞壁。由他们的工艺可得到 4 种产品，油、水溶液（含糖和硫苷等低分子量物质）、粕和皮壳。他们还对芥子酶和硫苷的热稳定性、芥子碱在加工过程中的变化进行了研究。Rosenthal A 等使用复合水解多糖商品酶从菜籽中提取出 80%的油，并称使用单一纤维素酶对油脂得率没有帮助。据他们报道，除了酶的种类和使用浓度，原料研磨程度、体系 pH 值、温度、提取时间及离心机的分离因子都是影响油得率的主要因素。

国内方面对油菜籽水酶法制油的研究起步较晚。刘志强等（2004）分别采用复合酶（蛋白酶＋纤维素酶＋果胶酶）、蛋白酶、纤维素酶、果胶酶和半纤维素酶对脱皮油菜籽进行水酶法取油。研究结果表明，不同酶对油和蛋白得率影响不同，复合酶最高，蛋白酶作用较明显，纤维素酶次之，三者皆高于无酶水浸取。

国外学者报道的水酶法提油得率不够高，缺少完善的脱毒方法，菜籽蛋白质利用率低。如 Jensen 和 Oisen 等的工艺中只是采用热处理使菜籽内源硫苷酶失活，并没有脱除硫苷，除了油之外，得到的是含有较多抗营养因子的饲用饼粕（浓缩蛋白和糖蜜干燥后合并而成）。国内刘志强等采用干法研磨菜籽，将纤维素酶和果胶酶复合使用，油脂得率超过了 90%。在脱毒方面，其采用超滤法脱除硫苷，效果较好，但未考虑植酸、酚类物质的脱除效果。

最近，有学者将超声波辅助提取应用到水酶法提油工艺中，取得了良好的效果，这也预示了采用一些辅助提取手段可以进一步提高水酶法的油脂得率。随着人们对环境问题的日益重视和酶制剂工业的迅猛发展,水酶法制油的工业化生产已为期不远。

第五节　菜籽的脱壳制油与精制菜油

一、菜籽的脱壳制油

我国传统的油菜籽制油方法是用带壳(皮)的整粒籽制油,由于籽壳中含有 ω_7 脂肪酸异构体这类物质,所得的毛油颜色深暗,质量低劣,精炼困难。而且制油后所得饼粕中残留有籽壳,籽壳中含有大量的植酸、色素、单宁、皂素、粗纤维、芥籽碱、硫苷、多酚类物质(菜籽中这类物质含量的90%以上都存在于籽壳中),会使其营养价值大大降低。因此,无论是从菜油的质量,还是从菜粕的质量的提高来考虑,油菜籽脱壳制油都是很有必要的。同时,脱壳菜粕进行深加工后,还可以得到一系列极有价值的副产品,诸如饲料蛋白、食用蛋白、植酸钠、单宁、羧甲基纤维素钠等。这些副产品的提取可使油菜籽升值,有资料表明,菜籽深加工后开发利用副产品可使菜籽较深加工前增值几倍甚至十几倍。而脱壳制油正是菜粕进行深度开发利用所必不可少的前处理工艺过程。

特别值得指出的是,“双低”(低芥酸、低硫苷)优质油菜籽,脱壳制油更具有特殊意义。因为这种油菜在推广的过程中,全籽中的硫苷含量在逐渐降低,而壳中硫苷含量在全籽总硫苷含量中所占的比例却有所上升。例如,甘蓝型普通油菜籽,壳中硫苷含量占全籽含量的3%左右,而优质品种壳中硫苷含量要占全籽含量的9%左右;白菜型普通油菜籽,壳中硫苷含量占全籽含量的4%左右,而优质品种壳中硫苷含量要占全籽含量的11%左右。可见,若去掉双低优质油菜籽的壳,其饼粕直接作饲料就会更安全。同时,由于脱壳双低油菜饼粕中多酚类物质、粗纤维的含量减少,能改善动物的适口性、提高消化率和转化率。因此,脱壳“双低”优质油菜饼粕不需深加工就能直接代替豆粕作饲料使用,投资小,见效快，具有较好的经济效益和社会效益。

（一）油菜籽脱壳与分离

脱壳制油的关键是需要有一套油菜籽脱壳与分离的机械设备。油菜籽颗粒小，其壳所占的比例大（可高达 19%），因而脱壳困难。我国油菜籽之所以一直采用未经脱壳的整粒籽制油的原因是多方面的，其中主要是国内尚无成熟的能用于工业化生产的油菜籽脱壳分离的技术设备。近几年有关院校与科研单位对于油菜籽的脱壳工艺及设备进行了一些探索和研究，现已开发出相关设备，经试验有较好的使用效果。该设备由风送系统和机械系统组成。风送系统采用吸送式，风力由图 6－13 中的风机 20 产生，主要作用是对物料进行输送和风选；机械系统包括剥壳装置 6、第一道分离装置 7～13 和第二道分离装置 16～19 等部件。工作时，空气从分离箱 11 和 19 的底部被吸进去，形成一定速度的向上气流，当物料进入分离箱后就与气流混合。由于不同质量、不同体积的物料在气流中的悬浮速度是不一样的，所以，在分离装置中的物料有的向上漂浮，有的向下沉降，从而可以实现对物料的风选分离。

剥壳、分离过程如下：油菜籽经风力提送装置 1～5 进入高速旋转的离心撞击式剥壳装置 6，由于剥壳装置的旋转盘的特殊结构，油菜籽在离心力、撞击力的共同作用下而破裂，壳、仁脱离，这一过程叫做剥壳（脱壳）。剥壳后的壳、仁、籽、粉末混合物流入第一道分离装置的料斗 9 中，再由旋转关风器 10 送入分离箱 11 中的筛板 12 上。由于筛板 12 的左上端与箱壁铰接、筛下设置的偏心轮的旋转，筛板就不断的抖动；同时由于吸风的作用，筛板面上的混合物便呈悬浮状态。混合物中的壳和粉末比仁和籽的重量轻，这样就逐渐分层，轻的在上、重的在下，只要筛板之上的风速设计得合理（这是提高分离质量的关键之一），壳和粉末就会被风力吸走，经沉降室 8 分离出夹杂在其中的少量仁后，再经风管 7 进入旋风分离器 14，并经旋风分离器的进一步分离，空气经中央管 15 被风机 20 抽走，而壳和粉末则由关风器 13 下的第一道出口（编序

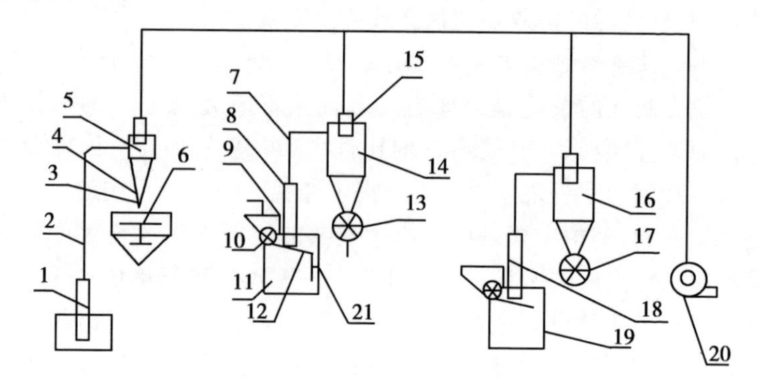

图 6－13　油菜籽脱壳分离工艺及设备流程图

1. 吸料管；2. 输料管；3. 下料斗；4. 关风器；5. 旋风分离器；6. 离心撞击式剥壳装置；7. 风管；8. 沉降室；9. 料斗；10. 旋转关风器；11. 分离箱；12. 筛板；13. 关风器；14. 旋风分离器；15. 中央管；16. 旋风分离器；17. 关风器；18. 沉降室；19 分离箱；20. 风机；21. 风道

是为了叙述的方便，实际上设备在工作时所有的出口是同时出料的，无先后之分）排出。剩在筛面上的仁籽混合物沿筛面向下滑动进入风道 21，由于风道中的风速比筛面上的稍大，夹杂在仁籽中的少量壳进一步分离出去，仁籽混合物就流出分离箱 11 而进入第二道分离装置 16～19，以同样的原理分离后，少量未脱壳的整粒油菜籽便从分离箱 19 下的第二道出口流回到原料槽中，再重新脱壳，即回剥；而金黄色的油菜籽仁便经旋风分离器的关风器 17 下的第三道出口流出，这就是最后的产品，从而完成了油菜籽脱壳与分离的全过程。

（二）制油

脱壳所得菜籽仁可利用制油厂现有设备及工艺进行制油。唯一不同点是需采用冷态压制。在榨油设备上以采用双螺杆榨油机为好。双螺杆榨油机采用啮合式和非啮合式相组合的原理；在榨膛内实行多级压缩和松弛及薄料层压榨，其理论压缩比达 23，榨膛长径比达 11.5，压榨时间达 180s，并具有强大的物料自清功能，解决了脱皮菜籽仁在榨膛内输送困难的问题。双螺杆榨油机在生产中的应用结果表明，脱皮菜籽冷榨饼残油率（干基）在15%左右，冷榨油接近菜籽三级压榨油国家标准，冷榨出饼温度低于70℃，满足冷榨工艺要求。双螺杆榨油机实现了脱皮菜籽的冷态压榨，可显著改善产品质量，降低加工能耗，提高了双低菜籽加工的经济效益。

二、菜油精炼

（一）菜油精炼的必要性

菜油精炼是菜籽加工中极为重要的一个环节。用压榨、浸出法制得的毛菜油，通常含有多种杂质（非三甘酯成分），致使毛菜油无法满足食用或工业用油的需要，采用必要的精炼手段，可精炼出符合各种需要的成品菜籽油。

毛菜油中杂质的含量，随原料品种、产地、制油方法和贮藏条件的不同而异，杂质可大致分为机械杂质（如泥沙、料粕粉末、饼渣、纤维及其他固体物质）、胶溶性杂质（如磷脂蛋白质、糖类）、酯溶性物质（如游离脂肪酸、甾醇、色素、烃类、砷、汞、3,4－苯并芘）、水等四类。这些杂质大多会影响油脂的贮藏和使用价值，例如，机械杂质、水分、蛋白质、糖类、游离脂肪酸会促进油脂的水解酸败，使油脂变得无法食用。磷脂本身虽然具有很高的营养价值，但它存在于油中会使油色暗淡、混浊，烹饪时产生大量泡沫并转变成黑色沉淀物，影响菜肴的颜色和味道（发苦）。色素则会使油带上很深的颜色。因此，精炼菜油的目的，就是要根据不同的要求，尽量除去有害物质，以提高菜油的品质。

（二）菜油精炼的方法

菜油的精炼方法大致可分为下列3类。

1. 机械精练

包括沉淀、过滤和离心分离，用以分离悬浮在毛油中的机械杂质及部分胶溶性杂质。

2. 化学精炼

包括碱炼、酸炼。碱炼主要除去游离脂肪酸;酸炼主要除去蛋白质及黏液物。

3. 物理化学精炼

包括水化、吸附、蒸馏。水化主要除去磷脂,吸附主要除去色泽,蒸馏主要除去异味物质。

菜油的精炼一般需选用几种精炼工序组合起来,才能达到所要求的质量标准。目前内销和外销的几种菜油就采用了不同的精炼方法,二级菜油以机榨毛油经"过滤→水化"或以浸出毛油经"碱炼(或水化)—脱溶"而制得;一级菜油为毛油经"过滤→碱炼→脱色→脱臭"而制得;内外销色拉油则需经"水化→碱炼→脱色→脱臭→过滤"等处理。在选择精炼方法时,必须考虑技术和经济效果,在保证达到质量指标的前提下,力求炼耗最低。

(三)菜油五脱工艺

1. 脱胶

脱除毛油中胶溶性杂质的工艺过程称脱胶。由于菜油的胶溶性杂质以磷脂为主,所以也称为脱磷。菜油中含磷脂较多,因此,脱胶是菜油精炼的一道重要工序。

油厂普遍采用的脱胶方法是水化脱磷,此外还有酸炼脱胶。水化脱胶即把一定数量的水或稀盐、稀碱等电解质溶液,在搅拌下加入热油中,促使油中胶溶性杂质凝聚沉淀分离的一种精炼方法。

国内现有的水化脱磷方法有:间歇水化脱磷,碟式离心机连续水化脱磷,管式离心机连续水化脱磷和喷射水化连续脱磷等4种,以间歇水化脱磷为最常用。间歇水化的主要设备是水化锅,它是一个带有锥形底的圆筒罐体,内装浆式搅拌器。

菜油水化脱磷的操作为:①趁热(一般油温在50℃)过滤菜油,以除去油中悬浮的机械杂质。②在水化锅中机械搅拌下用间接蒸汽加热毛油至65～70℃。③将与油同温或高于油温的热水(80℃至微沸)均匀地洒在油面上,热水量一般为磷脂含量的2～

3.5倍,实际操作中加水量为油重的2%~3.5%。在搅拌下油色逐渐变浅后,用小勺取样观察,油中逐渐出现细小的磷脂胶粒时,继续加水搅拌直至细小胶粒逐渐聚合成较大颗粒时,停止加水,用间接蒸汽加热,使油温最终升至78~80℃,加热停止后,仍慢速搅拌十几分钟,这样,磷脂胶粒会逐渐结成絮状物而与油分离,迅速下沉。④静置沉淀6h后,用摇头管吸出上层水化净油,再放出粗磷脂油脚。⑤在脱水锅内将水化净油中含有的少量水分脱除,用间接蒸汽把油加热到110~120℃,并配以机械搅拌,帮助水分挥发。也有用压缩空气鼓入油内,使水化净油不断翻动以助油中水分的挥发。有条件的油厂最好采用真空脱水,真空脱水的加热温度可控制在90~100℃。脱水后油温降至30℃以下时,再过滤一次,过滤后的净油即为脱胶油。

2. 脱酸

脱除游离脂肪酸的过程称为脱酸。菜油一般采用碱炼法脱酸,国内常用的有间歇式碱炼,管式离心机连续碱炼和碟式离心机连续碱炼等方法。其中,尤其以间歇式碱炼最为常见。间歇式碱炼操作程序为:①加碱中和。将称重计量后的过滤毛油泵入中和锅,搅拌取样测定酸价,选定碱液浓度,计算下碱量。加碱时毛油初温为30~35℃,碱液以喷淋状尽量快速均匀地洒向油面,同时配以均匀的搅拌速度(60r/min)。碱下完后继续搅拌30min,同时取样观察,待油中逐渐出现皂粒并聚结增大呈絮状物,油和皂粒呈分离状态时,开大间接蒸汽使油升温,升温速度以每分钟升高1℃为宜,升温过程中搅拌速度降低到30r/min,以防皂粒被打散。油温升至60~65℃,停止加热。再搅拌十几分钟,取样观察,皂脚与油脂应易分离并迅速下沉。若发现皂脚发黏,持久呈悬浮状态,则可加入与油同温或比油温略低的清水或稀食盐水,使皂粒吸水后比重增大而迅速下沉。②静置沉淀。搅拌停止后,碱炼油静置6~8h。③水洗。将静置后中和锅内上层净油用摇头管转入水洗锅,用与油同温或比油温高5~10℃的热水进行洗涤,以除去油中残存的碱液与皂化物。水洗用水量为油重的10%～15%,水洗油温为85℃左右,在搅拌下将水均匀洒向油面,待水加完后即停止搅拌,沉淀0.5～1h,然后放出下层废水。视精炼成品油质量要求的不同,可水洗1～3次。④干燥。在真空下(或常压下)加热脱水,使油冷至20℃,仍澄清透明。⑤皂脚的处理(即回收皂脚中性油的方法):以间接蒸汽加热皂脚,并以直接蒸汽翻动搅拌,同时加入皂脚重量4%～5%的固体细盐,升温至60℃左右,停止加热,静置2h时后撇去上层浮油;再升温至75℃,静置后又撇去上层浮油,剩下的是皂脚。

3. 脱色

脱除油脂中一些色素,改善色泽,提高油脂品质的精炼工序称为脱色。工业上用得最广泛的是吸附脱色法,油厂常用的吸附剂有活性白土、活性炭两种。

脱色的操作程序为:将水洗后的碱炼油吸入脱色锅内,加热油温至90℃,在700～750mm汞柱真空下搅拌脱水10～30min,至视镜中观察油面无雾状及油中无水泡为止。真空干燥后,吸入油重0.2%～0.6%的白土,搅拌5～20min,进行预脱色。然后将油通过上一锅脱色油过滤后未铲去白土滤饼的过滤机,利用半废白土的剩余活力来吸附油中的色素和杂质。过滤时间不超过2h,压力不大于3kg/cm^2。滤后所得的硕脱色油,再吸入脱色锅内,搅拌升温至98℃,真空度仍为700～750mm汞柱,吸入白土,搅拌20～30min,进行复脱色。关闭加热蒸汽,蛇管内通冷却水,在搅拌下将油迅速冷至70～80℃,破真空后将油泵入压滤机过滤白土,即得脱色油。

4. 脱臭

脱除油脂中臭味物质(如油脂水解、氧化产物味、肥皂味、白土味、残留溶剂味、菜油特有的辛辣味等)的精炼工序称脱臭。菜油脱臭不仅可脱除异味,而且可降低油的酸价和含硫量,提高烟点,破坏胡萝卜素、降低油的色度。

目前,应用最广的脱臭方法是间歇式脱臭法。间歇脱臭的操作程序是:开启真空泵,将脱色油吸入脱臭锅,吸入量为脱臭锅容量的60%左右。打开间接蒸汽,加热油温至100℃,开启大气冷凝器冷却水及第三级蒸汽喷射泵,并通入压力为3～4kg/cm^{2}的直接蒸汽,充分翻动锅内油脂,开始计时,一般脱臭6～8mm,脱臭油温应保持在160～180℃,真空残压保持在5～10mm汞柱。脱臭结束前半小时,关闭间接蒸汽,脱臭达到规定时间后,关闭直接蒸汽。将脱臭油转入真空冷却锅,保持真空度,在蛇管内通入冷却水,不断搅拌使油温下降到70℃,破真空后将脱臭油泵至压滤帆,过滤后即得成品油。

5. 脱溶

脱除浸出油中残留溶剂的操作,称为脱溶。脱溶分间歇式脱溶和连续式脱溶二种方式。我国大都采用间歇式脱溶。间歇脱溶工艺流程和设备与间歇式脱臭基本相同只是操作时各工艺参数比脱臭的要求低。

脱溶操作工序为:将水化或碱炼后的浸出油泵入储存罐,保持油温为80～85℃,开启真空泵,使脱溶锅内真空度达到700mm汞柱。缓缓开启加热器和脱溶锅的间接蒸汽阀,用5kg/cm^{2}的蒸汽进行预热。开启进油阀门,利用真空将储存罐内的油吸入加热器,流量由阀门控制,加热油温至135～140℃。加热后的油吸入脱溶锅内,当油面超过直接蒸汽喷嘴30cm后,即开启压力为2.5kg/cm^{2}的直接蒸汽。脱溶后的油自锅内流至冷却器,使油温冷至70℃再过滤,即得成品油。

浸出菜油经脱溶处理,油中残留溶剂量一般都能达到规定的卫生指标(50ml/L残溶),通常残溶为10ml/L左右。

(四)五脱新工艺

由于过去大多数油菜品种的毛油中含有较高的芥酸、硫苷和其他杂质,去除这些不良成分需要高强度的理化处理工艺,所以,传统的菜油五脱精炼工艺是建立在高温加上高压蒸汽除杂基础上的。这种高强度的理化处理工艺会造成维生素等大量的天然活性营养物随着蒸汽和皂脚流失，营养丰富的原料却生产不出高质量的成品油。而近来迅速推广的双低菜籽油中芥酸、硫苷含量极少，不需要高强度的理化处理工艺就能生产出符合国家标准的精炼油。所以，适度精炼工艺近几年来迅速推广，称之为五脱新工艺。

新精炼工艺的水化脱磷温度从传统工艺的75℃降到35℃，脱酸从85℃降到45℃，脱色从98℃到85℃，脱臭从180℃到150℃，脱蜡温度从4℃升高到7℃。适宜的温度配以传统工艺的压力、时间、投料比等临界控制点进行组合应用，可以产生许多好处。大大地保留了菜油中的活性成分，维生素E的保留率比传统方法提高了2倍；大大减少了高温精炼产生的不良作用，如反式脂肪酸的产生；降温工艺能大大降低加工能耗，全程加工可减少30%的能耗；因减少成分流失而提高得率0.97个百分点；由于加工中主要抗氧化物质维生素E的保留率提高，使菜油成品的保质期延长6个月。维生素E延长保质期的机制是防止菜油酸值升高，减缓酸败速度；由于温度和蒸汽用量要求下降，相同设备的加工容量提高25%。

三、几种菜籽成品油的精炼方法

（一）预榨菜油精炼二级食用油

1. 工艺流程

毛油→过滤→水化脱磷→真空干燥→成品油。

2. 操作要点

（1）毛油过滤。要求将油中所含的饼屑和机械杂质尽量除去。用板框压滤机过滤，须垫二层滤布，在20支纱5～8股帆布内再垫一层纱布。或者用卧式螺旋卸料沉降式离心机分离，使毛油小杂质含量降到0.1%～0.2%。

（2）水化。将过滤毛油泵入水化锅内，在快速拔拌（60r/min）下用间接蒸汽将油加热升温至70℃左右，加入与油同温或略高于油温的热水（80℃至微沸的热水），加水量为油重的2%～3.5%。

待磷脂胶粒明显析出后，在搅拌下加热升温，使油终温达 85℃，停止加热，继续搅拌十几分钟，待油和磷脂絮状物迅速分离，絮状沉淀物下沉较快，即停止搅拌。静置沉淀 6h 左右，用摇头管吸出锅内上层水化净油，再将下层粗磷脂脚放至油脚锅另行处理。

(3)真空干净。将水化净油预热至 90℃，吸入真空干燥器，在真空度为 700mm 汞柱下干燥。

按上述操作，成品油可符合国家规定的二级菜籽油标准。该工艺精炼率一般可达 98.5%左右。

(二)浸出菜籽油精炼二级食用油

1. 工艺流程

浸出菜油→水化(或碱炼)→脱溶→成品油。

2. 操作要点

(1)水化。操作条件与预榨毛油的水化操作基本相同。浸出毛油在汽提时已吃水而使部分磷脂析出，故不能用板框压滤机过滤，毛油中所含粕屑等杂质在水化过程中全部转入粗磷脂油脚中，磷油脂脚色味较差，只作饲料处理。浸出毛油中含磷脂量比预榨毛油高(含磷脂量一般为 1.2%～1.5%)，因此，水化操作中加水量也较多，一般为油重的 3%～5%。

(2)碱炼。毛油酸价大于 4 时，需进行碱炼。将毛油泵入中和锅，搅拌均匀后取样化验酸价，根据毛油酸价及颜色，适当选择碱液浓度，确定用碱量。一般酸价在 4～10 时，采用碱液浓度为 16～18°Bé，超碱量为油重的 0.1%～0.3%。

调整毛油初温为 30～35℃，将预先配制好的碱液迅速均匀地加入油中，同时快速搅拌(60r/min)使之充分混合。碱液加完后，继续搅拌 30min 左右，同时注意观察，油中逐渐出现皂粒并聚结增大成芝麻状大小，即可开大间接蒸汽使油升温。升温速度以每分钟 1℃为宜。终温升至 60～65℃，停止加热。然后改慢速搅拌十几分钟，皂脚与油易分离并迅速下沉时，停止搅拌。沉淀 6～8h，将锅内上层碱炼净油用摇头管转入水洗锅，下层皂脚放至皂脚锅另行处理。水洗锅内碱炼净油在搅拌下用间接蒸汽加热至85℃左右，用与油同比温高5～10℃的热水洗涤，沉淀0.5h左右，放出下层水脚。一般洗涤2～3次，每次用水量为油重的10%～15%，直至放出洗涤液基本清亮为止。

(3)脱溶。将水化后净油或碱炼、水洗后净油吸入间歇式脱溶锅内，用间接蒸汽加热使油温升至100℃，再喷入压力为1kg/cm^{2}的直接蒸汽，使油充分翻动，油温上升至140℃，在大于700mm汞柱真空度下脱溶3h。然后关闭间接蒸汽和直接蒸汽，将油放至真空冷却锅，在搅拌下将油冷却到70℃左右，破真空放出即为成品油。若不进行碱炼，该工艺的精炼率一般可达97%左右。

(三)预榨菜籽油精炼一级食用油

1. 工艺流程

毛油过滤→碱炼→水洗→脱色→脱臭→成品油。

2. 操作要点

(1)毛油过滤、碱炼、水洗的操作工艺与前(一)、(二)所述相同。碱炼时，对色浅酸价为4以下的毛油，选用碱液浓度为12～18°Bé，对色深酸价较高的毛油，选用碱液浓度为16～18°Bé，超量碱可为油重的0.1%～0.3%。

水洗后脱酸油的色泽，若已达到规定要求，进行干燥脱水后即得成品油。若色泽超过规定要求，则需进行脱色、脱臭处理。

(2)脱色。水洗后的碱炼油吸入脱色锅，用间接蒸汽将油加热至90℃，在真空度为700mm汞柱下搅拌脱水，一般为30min，直至油面无雾状及油中无水泡为止。吸入相当于油重1%～3%的白土，搅拌20～30min进行脱色。然后停止加热，将油冷却到70～80℃，破真空后将油泵入压滤机过滤除去白土得脱色油。

(3)脱臭。将脱色油吸入脱臭锅，用间接蒸汽加热，使油温升至100℃，喷入直接蒸汽翻动，使油温逐渐升到160℃，开始计时，在残压为10mm汞柱以下，脱臭6h以上，然后将脱臭油转至真空冷却锅，在搅拌下冷却至70～80℃，即得成品油。

(四)浸出菜籽油精练成精制菜籽油、内销色拉油、外销色拉油

1. 工艺流程

浸出毛油→水化→碱炼→水洗→脱色→脱臭→过滤→成品油。

2. 操作要点

(1)水化。操作与前述(一)、(二)、(三)相同。

(2)碱炼。操作与前述(一)、(二)、(三)相同。碱炼时由于原料毛油的酸价较低,碱炼时采用浓度为14～16°Bé的碱液,超碱量为油重的0.3%～0.5%。为了解决超量碱大、炼耗高且皂脚松散的问题,还可将浓度为40°Bé的水玻璃溶液与碱液混合使用。水玻璃用量为油重的0.5%～0.7%。

(3)脱色。将水洗后的碱炼油吸入脱色锅,用间接蒸汽将油温调整到90℃,在700～750mm汞柱真空度下搅拌脱水。脱水时间一般为30min,直至油面无雾状及油中无水泡为止。脱水后油中含水量不大于0.15%。

吸入相当于油重0.2%～0.6%的白土,搅拌20min进行预脱色,然后将油通过上一锅脱色油过滤后未铲去白土滤饼的压滤机,利用半废白土的剩余活力来吸附油中的微量肥皂及杂质。预脱色油过滤时间不超过2h,过滤结束时,用压缩空气吹压30min,使废白土渣中含油不超过27%。

将预脱色油吸入脱色锅内升温至98℃,加入活性白土在700～750mm汞柱真空度下,进行复脱色。搅拌20～30min,停止加热,将油冷却到70～80℃,破真空后将油过滤得脱色油。白土总用量根据成品油的质量要求而定,精制菜油的白土用量为油重的1.5%～2%,内销色拉油的白土用量为油重的4%～5%,外销色拉油为油重的5%～7%。脱色工序损失毛油1.5%～2%。

(4)脱臭。将脱色油吸入脱臭锅内,用间接蒸汽加热使油温升至100℃时,喷入压力为4.5kg/cm^{2}的直接蒸汽,进行翻动,逐渐使油温升至脱臭温度。在炼制精制菜油时,脱臭温度为160℃左

右,残压在10mm汞柱以下,脱臭6h以上,能基本除去菜籽油的气味。而炼制外销色拉油,则脱臭温度应为175～185℃,残压5mm汞柱以下,脱臭8h。脱臭停止后,将脱臭油转至真空冷却锅,在搅拌下冷却至70℃,破真空后将脱臭油泵入压滤机进行精滤得成品油。

在原料毛油质量较好的情况下,精制菜籽油的总精炼率为93%～94%,色拉油的总精炼率为92%～93%。

四、调和油

调和油又称高合油,它是根据使用需要,将两种以上经精炼的油脂(香味油除外)按比例调配制成的食用油。调和油透明,可作熘、炒、煎、炸或凉拌用油。

(一)调和油的分类

国内以菜籽油为主体配制的调和油已多达几十种。大体可分为以下几类。

1. 营养调和油

双低菜籽油中油酸含量接近60%或者更高,芥酸和饱和脂肪酸含量极少,多烯酸含量水平适中,比例恰当,油中维生素E含量比普通菜籽油高1倍左右,氧化稳定性优良。双低菜籽油解决了芥酸和硫苷的安全性问题,其脂肪酸组成远优于普通菜籽油和低芥酸菜籽油,是优质植物油之一。将高油酸的双低菜籽油与其他植物油调和,是制取脂肪酸平衡、氧化稳定性好的食用油的一种简单方法,可避免对植物油的氢化加工。在西方,双低菜籽油已成为低饱和脂肪酸和低胆固醇平衡膳食的一种成分,具有保健功效。开发双低菜籽油产品,可促进我国无公害、高营养、卫生安全的食用油的生产,符合国民日益注重保健的消费趋势。

新近开发的3种以双低菜籽油为基质油,适当配以其他油料的调和油完全符合营养调和油的要求,这3种调和油一种是n-6与n-3系列脂肪酸比例为(4～6)∶1双低菜籽营养调和油;一种为n-6与n-3比例为4.7∶1的适合婴幼儿与老年人的调和油;

一种为n-6与n-3比例为5.6∶1的适合普通消费者的调和油。调和油的脂肪酸组成合理，SFA∶MUFA∶PUFA的比例大致为1∶5∶4。产品中油酸接近50％，不饱和脂肪酸总量达80％以上，大部分理化指标优于或接近于单品种油脂，氧化稳定性良好，且价格合适，达到设计要求和国家规定的食用油标准。

2. 经济调和油

以菜籽油为主，配以一定比例的大豆油，其价格比较低廉。

3. 风味调和油

以菜籽油、棉籽油、米糠油与香味浓厚的花生油按一定比例调配成轻味花生油，或将前三种油与芝麻油以适当比例调合成轻味芝麻油。

4. 煎炸调和油

用菜籽油、棉籽油和棕榈油按一定比例调配，制成含芥酸低、脂肪酸组成平衡、起酥性能好，烟点高的煎炸调和油。

5. 高端调和油

例如，山茶调和油、橄榄调和油，主要以山茶油、橄榄油等高端油脂为主体。一般选用精炼大豆油、菜籽油、花生油、葵花籽油、棉籽油等为主要原料，还可配有精炼过的米糠油、玉米胚油、油茶籽油、红花籽油、小麦胚油等特种油脂。其加工过程是：根据需要选择上述两种以上精炼过的油脂，再经脱酸、脱色、脱臭、调合成为调和油。调和油的保质期一般为12个月。现在调和油只有企业标准，没有国家标准。调和油的发展前景是美好的，它将成为消费者喜爱的油品之一。

(二)如何选择食用(调和)油

要做到四看。

一看营养

食用(调和)油是一种纯能量食品，其主要的营养素是脂肪，在讨论食用(调和)油营养时，一般只着眼于其中不同种脂肪酸的结构与含量。至于食用(调和)油中的维生素E以及一些制油原料中所特有的植物化学物质，因其含量并不是特别丰富，所以，一般在讨论食用油营养时仅作为锦上添花之用。

中国人日常食用的烹调油也多为植物油。在人体每天摄入的脂肪中，最佳的脂肪酸结构是饱和脂肪酸、单不饱和脂肪酸、多不饱和脂肪酸之间的比例是 1∶1∶1；在多不饱和脂肪酸中，n－6 系与 n－3 系的比例为(4～6)∶1。这样的脂肪酸结构才有利于人体的健康。一般来说正规厂家的食用油在外包装上都会标志脂肪酸的含量和比例，消费者购买时可以留意下标签。

但事实上，在天然植物油中，几乎没有任何一种植物油能够满足以上的两个比例，不同种的食用(调和)油都有着不同的脂肪酸组成特点。所以，在选购食用油的时候，最好能够根据不同的营养需要，来选择相应的烹调用油：

(1)n－6 系多不饱和脂肪酸含量高的油——大豆油、花生油、葵花籽油、芝麻油、玉米油。在常吃的植物油中，大多数含有较为丰富的 n－6 系的多不饱和脂肪酸，所以，中国人很少缺乏此种脂肪酸。这种脂肪酸可以降低人体内坏的胆固醇，有益于人的心脑血管系统；但如果摄入过多，由于其本身易被氧化的性质，容易在人体中产生自由基，对人体细胞和组织产生一定危害，所以应适量食用。

(2)n－3 系多不饱和脂肪酸含量高的油——亚麻籽油、紫苏油。由于人们日常大量食用的大豆油、花生油含有此种脂肪酸的量很少，而含量较多的两种油又不是厨房里的常客。所以，中国人在 n－3 系多不饱和脂肪酸方面相对缺乏。如果家庭条件允许，最好在日常烹调时加入这两种油，用以补充此种脂肪酸。

(3)单不饱和脂肪酸含量高的油——橄榄油、油茶籽油、双低菜籽油、芝麻油。单不饱和脂肪酸能够降低人体中坏胆固醇的含量，并且升高好胆固醇的含量，而且其不像多不饱和脂肪酸那样容易被氧化，所以，人们日常应保持一定的摄入量。

(4)饱和脂肪酸含量高的油——棕榈油。饱和脂肪酸一般在动物油中存在较多,植物油中只有几种含量较高,而棕榈油是比较常见而且消费量大的一种。虽然在日常家庭烹调中,很少使用棕榈油,但是其廉价、耐热的特性使得它被大量用于食品加工工业中。所以,很有可能在不知情的情况下,每日摄入很多棕榈油。

由于几乎没有任何一种食用油能够满足人体对脂肪酸需求的最佳比例,所以,应该经常更换食用油的种类,或者平时几种油混着吃,这样才能够全面补充营养。另外,选择不同种食用油时,也要注意其中各种脂肪酸的结构,避免做出重复选择。或者直接选用调和油,但需注意调和油料配合比例与各调和油的名称不一定相符。目前我国对调和油只有企业标准,没有国家标准,国家公布的《食用植物调和油》中有提到调和油不得掺加非食用油和不合格的原料成品植物油,但对各油料各类和配比规定比较模糊。没有这样的国家标准,那么油里掺了什么,掺多少都是由企业说了算的。

对于调和油的命名规则,必须符合条件才行,比如花生调和油,其主要原料花生要占到1/3以上才可这样命名。然后逐步由前到后按比例递减,排在最后的配料是占原料最少的,但一些商家为了利益用少量的营养价值高的油来冠名——比如橄榄调和油,看配方表橄榄油却排在后几位说明含量是很少的,所以,调和油市场一直存在这种油料随意勾兑、冠名标志混乱的现象。

二看吃法

由于不同种类的脂肪酸的性质有所差异,所以,不同种类的食用油在烹饪中就有不同的特点。

(1)适合炖煮——大豆油、玉米油、葵花籽油等。这类油的共同特点是多不饱和脂肪酸含量特别高,亚油酸特别丰富,难凝固,耐热性差。由于多不饱和脂肪酸易氧化,耐热性差,所以,此类食用(调和)油加热的温度最好不要太高,以炖煮为主,炒菜时尽量避免油烟。

(2)适合炒菜——双低菜籽油、花生油、米糠油等。这类油各类脂肪酸比较平衡,油酸较为丰富,耐热性较好。此类食用油基本可以胜任国人常用的烹调方式，其中双低菜籽油还适宜煎炸等。

(3)适合凉拌——橄榄油、茶籽油、芝麻油。这类食用油虽然也具有良好的耐热性，也可以用来炒菜，但是它们特有的香味使其在用于凉拌的时候更加得美味。

三看品质

在购买食用(调和)油时，最注重也是最直观的，就是去看食用(调和)油的质量如何，是否有变质或劣质的情况发生。那么，如何判断食用油的质量呢？

(1)看颜色。食用油正常的颜色应该是微黄色、淡黄色、黄色和棕黄色，油的色泽深浅也因其品种不同而略有差异。同一种植物油，颜色越浅说明其精炼等级越高。颜色过浅至发白或过深至浑浊均为品质不佳的表现。

(2)闻气味。不同品种的食用油气味各不相同，大豆油有豆腥味，花生油有花生味，芝麻油有芝麻的香味。如果油中有酸涩味和哈喇味，则表明食用油中酸价过高。如果烹调时油烟中有呛人的苦辣味，说明油脂已经酸败。

(3)听声音。取出油层底部的一两滴油，涂在纸片上并点燃。如果燃烧正常无响声，则是合格的油；如果燃烧不正常且发出“吱吱”的声音，是不合格产品；如果燃烧时发出“啪啪”的爆炸声，则表明含水量严重超标。

(4)尝味道。取一两滴油点在舌尖上品尝其味道，一般食用油无任何味道。口感带酸味的油是不合格产品，有焦苦味的油已经发生酸败。

(5)看生产日期。尽量选择生产日期较近的产品。

(6)看加工工艺。加工油工艺主要有3种：压榨、浸出和预榨浸出，肯定要首选压榨法，因为压榨是属于物理性方法，无化学残留，不经过高温无有害物质产生，最大程度保留了油里的营养素。这种方法出油率低很多厂家并不采用，只有一些特殊的油的如亚麻油、茶油、橄榄油这类保健型的油有部分厂家会有冷压榨法。浸出法就属于化学方法要经过高浊，这个过程有可能产生有害物，且成本低，是很多厂家的首选方法，另外一种预浸是指先压榨后浸出，比如花生油压榨后会把余下的残渣用浸出法浸出。

(7)看级别。一级是指苯并芘的含量每千克 10μg 以内，三级是 50μg 以外，要选择一级的。

(8)看有无添加剂。目前用得最多的是一种抗氧化剂 TB-HQ，这种相对安全但不是最好的，有一种物理的方法叫充氮保鲜法，是用氮气代替氧气来防止油被氧化达到抗氧化的目的，这样的就比人为添加的要好。

四看安全

(1)大豆油。进口大豆制取的大豆油基本上都是转基因产品。国家规定，含有转基因食品的商品，必须在包装上明确标示出来。(国家《农业转基因生物标识管理办法》第六条第二款规定)。消费者在购买时，应尽量关注食用油标签标识，并作相应选择。

(2)花生油。由于花生容易污染黄曲霉毒素，而黄曲霉毒素有强烈的致癌作用，所以，在选购花生油的时候，一定要选择品质和信誉较好的花生油产品。尽量避免购买散装花生油。

(3)调和油。调和油通常以脂肪酸比例均衡为卖点，实际上经常会发生企业将一些低品质的油，比如，棕榈油、菜籽油、棉籽油，与少量高品质的油，如橄榄油、花生油、芝麻油，进行调和，然后以调和油的名义出售。这多是降低成本的行为。

基本上通过以上 4 个方面就可以让我们在选购食用油时能够做到不再盲目。但在这里还有一点需要提醒，食用油作为纯能量食品，过量使用会给人体带来一定的负面影响，所以，家用烹调油最好每日限制在 25～30g/人(即家用的汤匙 3 汤匙左右)。

第七章　油菜旅游观光产业

第一节　全国十大油菜花观光景点

一、陕西汉中

陕西南部汉中地区北依秦岭，南屏巴山，汉水横贯全境，形成汉中盆地。盆地内夏无酷暑，冬无严寒，雨量充沛，气候湿润，年降水量 800～1 000mm，年均气温 14℃，生态环境良好。这里是传统的油菜种植生产基地，每年的 3—4 月，漫山遍野的油菜花同时开放，置身于其中，会感受到色彩给人的震撼和陶醉。随着近几年交通的改善以及信息传播的方便，春天踏青去看油菜花，已经成了西安关中地区及外省人们旅游的一条热线。

汉中是中国最早的天府之国，自古以来，广种油菜。目前，种植面积百万余亩。每年春天，整个汉中盆地一篇金色，山川、村舍、河流、道路皆融入油菜花海之中，处处充满诗情画意。置身一望无垠的花海之中，一簇簇、一片片金灿灿的油菜花，给人以强烈的视觉冲击(图 7 - 1、图 7 - 2)。从 2010 年开始，汉中每年都举办油菜花节。2010 年油菜花节在 3 月 26 日盛大开幕，主办会场在南郑县的协税镇张坪村，在汉台、城固、勉县、洋县设会场。2011 年油菜花节在陕西洋县梨园景区开幕，本届油菜花节的主题是“金色花海，魅力汉中”，活动从 3 月持续到 4 月。同时，还有主题电影《油菜花开的季节》同时在此地开拍。2012 年油菜花节在汉中市的勉县开幕，同时还设有牡丹会场，梨花分会场和樱桃茶叶节。2013 年在 3 月 25 日开幕，这次油菜花节以“金色花海、魅力汉中”为主题，主会场设在汉台区老君镇王道池村，有5项花海系列活动，形成了集花海观光、乡村休闲、景区游览、民俗演出、为一体的综合性节庆活动。同时，举办汉中美食节、油菜花系列旅游纪念品、工艺品和地方名优土特产品展示展销以及汉中市第二届“汉中巧娘”手工艺品大赛暨精品展示展销活动。节庆活动众多，高潮迭起，异彩纷呈。2014年，汉中油菜花节由城固县轮办。2015年中国最美油菜花海汉中旅游文化节活动主会场启动仪式于3月20日上午在西乡樱花广场隆重举行，这次汉中旅游文化节活动的主题是：“金色花海·真美汉中”。西乡县从3月上旬开始到5月上旬主会场先后举行“相约樱桃花”踏青采风、千车万人自驾观花海游茶园活动、美食文化展及土特产品展销、汉中巧娘手艺品大赛等活动，汉中所辖的县区汉台、南郑、城固、洋县、勉县各分会场也根据各自旅游资源和特点举行系列活动，其他县区也开展了春节旅游宣传主题活动。

图7-1　陕西汉中百万亩油菜花海

二、江苏兴化

兴化位于江苏中部、长江三角洲北翼，地处江淮之间，里下河地腹地，江苏省泰州市下辖市。兴化古称昭阳，又名楚水；历史文化底蕴丰厚，源远流长，据考证，境内人类生存史可追溯到，距今6 000多年。兴化诞生出中国四大名著之一《水浒传》的作者施耐

图 7－2　陕西汉中油菜花

庵、扬州八怪之首郑板桥等知名文豪和书画家。兴化文化积淀深厚，人才辈出。自南宋咸淳至清末光绪，有 262 人中举，93 人中进士，1 人中状元，全国罕见。除了人文资源以外，兴化还有一些美丽的景点。如李中水上森林、大纵湖芦荡迷宫、沙沟古镇、郑板桥故居、李园船厅、上方寺、四牌楼、刘熙载故居、上池斋药店等。

兴化是著名的鱼米之乡，国家生态示范区，国家卫生城市，全国百强县，全国环保模范城市，世界四大花海之一千岛菜花风景闻名遐迩。兴化油菜景观别有特色，有水上油菜之称。

兴化的油菜花花期是 4 月 2—25 日，每年的清明前后，在辽阔的水面上，千姿百态的垛田形成了上千个湖中小岛，岛上开满金灿灿的油菜花，在水面上形成一片金黄色花海，一望无际。景区中央的观景楼，高达三层，是拍照的好去处。从高处看，黄色的油菜花一块块飘在水里，小河小沟把这些黄色切割成不规则的几何图案，从脚下向天边伸去，热烈、奔放、火辣(图 7－3)。

构成兴化奇特花景的并不是真正长在水上的油菜，而是由于兴化有一片奇特的土地，这便是垛田。垛田是造就兴化水上油菜花景观独特的重要原因(图 7－4)。

图 7-3　江苏兴化水上油菜观景塔

图 7-4　江苏兴化水上油菜胜景

三、湖北荆门

荆门是湖北省的一个地级市，位于湖北省中部，江汉平原西北部，北通京豫，南达湖广，东瞰吴越，西带川秦，素有“荆楚门户”之称，自商周以来，历代都在此设州置县，屯兵积粮，为兵家必争之地。荆门市为世界文化遗产——明代皇家陵寝明显陵所在地。荆门历史悠久，文化底蕴深厚，资源丰富，处于鄂西生态文化旅游圈之内，紧邻武汉城市圈，既占“两圈”地理之便，又享“两圈”政策之利，是中西部地区经济发展极具活力的城市之一。中国历史第一县权县建立于此，郭店楚简、战国古尸等轰动世界的历史文物出土于此。荆门养育了一代楚辞文学家宋玉等历史人物，留下了“阳春白雪”、“下里巴人”等千古传颂的历史典故。

荆门是湖北种植油菜第一市，现已成为全国油料产业带的核心区，湖北最大的优质双低油菜生产区、“一壶油”战略的原料区、加工区和油菜新品种、新技术、新成果的转化区。荆门市油料加工企业也迅速崛起，油料年加工能力 80 万 t 以上，居湖北第一（图 7－5）。

图 7－5　湖北荆门油菜花

荆门油菜花旅游节是湖北荆门的一个传统节日，时间为每年 3 月 26—28 日，由湖北省农业厅、省旅游局、省粮食局、荆门市人民政府设立。油菜花旅游节期间，除了可欣赏到一望无际的油菜田之外，还可以参加踩水车、摸鱼摸虾、对歌等娱乐活动。

2008 年 3 月 29 日，“中国·荆门首届油菜花旅游节”沙洋分会场节庆活动拉开序幕。作为活动的主会场，湖北省沙洋县在活动安排上围绕“油菜花”进行了精心设计，细分为“花之梦”“花之源”“花之艳”“花之趣”“花之味”“花之媒”6 个系列。

四、云南曲靖罗平

罗平位于云南、贵州、广西三省交界处，雨量充沛，气候温暖湿润，十分适宜油菜生长，而且每年这里的油菜花总比全国其他地方开得早，加之交通方便，所以，罗平是一个理想的蜂群春繁地，同时伴随着养蜂业的发展，也成了全国有名的油菜花观光风景地（图7-6）。

图7-6 云南曲靖罗平油菜花

罗平作为全国蜜蜂春繁基地，为全国养蜂业做出了很大的贡献。从20世纪90年代初开始，罗平每年都要接待约20个省区的400多个养蜂场、5万余群蜂。2002年，来自22个省区的420个养蜂场，6万多群蜂，仅油菜一个花期产蜂蜜就达1 200t以上。其次，促进了油菜种植面积的不断扩大。为确保蜜蜂安全采蜜授粉，罗平切实做到合理使用农药，因此，罗平菜油、罗平蜂蜜是绿色食品的消息不胫而走。罗平的菜油在市场上畅销，占据了云南市场1/4的份额，其价格也比其他地区生产的菜油高。优质优价的市场机制促进了油菜种植户的积极性，油菜种植面积逐年扩大，从1988年的8 000km^2发展到了2002年的20 000km^2。与此同时，满山遍野的油菜花与秀美的山水浑然一体，形成了天然大花园，为开发旅游业打下了坚实的基础。罗平县委县政府在改革开放的思想指导下，继续在油菜花上做文章，从中寻思路，1999 年春开始，抓住机遇，成功地举办了多届“油菜花旅游节”，引来了大批的游客，从而使罗平菜油、蜂蜜和罗平山水的知名度有了更大的提高，并取得了很好的经济效益，走出了一条养蜂业、种植业和旅游业互相促进的生态经济可持续发展之路。

五、重庆潼南

重庆潼南区，位于长江上游地区、重庆西北部，地处渝蓉直线经济走廊、渝西川中经济结合部，潼南是重庆对外开放的渝西北窗口，渝蓉快速通道上的桥头堡。

每年开春，都会有不少人前往重庆潼南欣赏油菜花，一饱眼福。潼南油菜花景区位于重庆潼南区崇龛镇。潼南县崇龛镇是本县的油菜种植生产基地，每年 3 月份几万亩油菜花在田野竞相怒放。满眼都是望不到边的金黄。琼江穿花海而过，乘游船坐览花海，享受春风拂面；蹬上陈抟山，市民还可观赏到以油菜为主要背景、小麦为配景形成的“太极”图案(图 7－7)。

图 7－7　重庆潼南油菜花

六、青海门源

青海门源回族自治县位于中国青海省东北部，总面积 6 896km^2，属海北藏族自治州管辖，在海北藏族自治州东部，东北与河西走廊中部的甘肃省天祝、肃南、山丹县接壤，南接青海省大通、互助县，西与本州祁连、海晏县毗邻。北纬：37.5°～38°，东经：102°～102.5°。

该县东部有全省面积最大的仙米天然林区，中部有堪称高原奇观的百里油菜花海；西部有苏吉、皇城为主的大草原风光；境内有闻名遐迩的花海鸳鸯、鸾城翔凤、朝阳涌翠、冷龙夕照、骆驼曲流、狮子崖古八景；有东川、克图的卡约、辛店文化遗址、浩门古城（宋代）、旱台红山三角城（汉代）、克图三角城（宋代）、金巴台古城（唐代）、完卓古城（西夏）、边墙（明代）、岗龙岩雕（东晋）等众多的历史古迹；有70余座清真寺及仙米、珠固古佛寺，亚洲第一高位大坂山隧道、“水电走廊”坝区风景等众多的现代人文景观。

近年来门源开发的油菜花节颇有人气。门源于每年的7月18～25日，举办门源油菜花节，是门源县最重要的节日。届时于风景迷人的古城台举办青海特有的花儿会场，男女老少齐聚城台。共同欣赏这7月带给人的金色大地7月的门源是人间天堂。纯净的蓝天白云舒卷苍鹰盘旋；辽阔的草原草青花红，牛羊如云；仙米林区群岭竞秀，万木争荣；60万亩油菜花形成的百里油菜花海成就了博大壮阔的特有奇观（图7－8）。

图7－8 门源的油菜花节

2003年6月底，门源油菜在引进优质甘蓝型种植模式的基础上，又顺利通过青海省绿色食品认证。

七、浙江瑞安

瑞安地处东南沿海，东濒东海，西接群山，飞云江横穿全境东流入海。是浙江重要的现代工贸城市、历史文化名城、温州大都市区南翼中心城市，处于长三角经济区与福州及厦漳泉金三角之间，经济地位突出，区位优势明显，水陆交通便利。

瑞安市的油菜花景点在桐浦乡，桐浦号称“万亩油菜花基地”，数以万亩的油菜花同时绽放在一个平面上，阵势不是一般的震撼，桐浦油菜花最佳观赏期为 3 月。一望无垠的油菜花给乡间的田野披上了金光闪闪的“外衣”，村舍、道路、河流皆融入到这金色海洋之中。哼着小调徜徉花海，迎面春风吹来泥土的芬芳，暖阳里的油菜花翩翩起舞，让人仿佛置身于童话世界里(图 7－9)。

图 7－9　浙江瑞安油菜花

八、上海奉贤

上海奉贤区是上海市的一个市辖区，奉贤区(地厅级行政区)位于长江三角洲东南端，地处上海市南部，南临杭州湾，北枕黄浦江，与闵行区隔江相望，东与浦东新区接壤，西与金山区、松江区相邻。上海“十二五”时期重点打造的三座新城之一的“南桥新城”即坐落在奉贤的南桥、金汇、青村区域。

上海奉贤区的油菜花景点在庄行镇，庄行镇有着近万亩的油菜花，每年的3月底至4月底是油菜花的花期，奉贤按例举办油菜花节，油菜花节于3月底开幕。油菜花节期间，在庄行的金色花海里，水乡田园中，有菜花迷宫、上海民间艺术展示周、土布服饰创意秀、交友活动、清明踏青活动、民俗文化展演、土布贴画、游船、花轿、花海风筝放飞、摄影绘画大赛、蔬果采摘、优质农产品展销、美食大杂烩等20多项活动（图7-10）。

图7-10　上海奉贤油菜花

九、江西婺源

江西婺源县，位于江西省东北部（赣浙皖三省交界处），古徽州六县之一，今是上饶市下辖县之一，东邻国家历史文化名城衢州市，西毗瓷都景德镇市，北枕国家级旅游胜地黄山市和古徽州首府、国家历史文化名城歙县，南接江南第一仙山三清山，铜都德兴市，代表文化是徽文化，素有书乡、茶乡之称，是全国著名的文化与生态旅游县，被外界誉为中国最美乡村（图7-11）。

江西是油菜花大省，江西最美丽的油菜花在婺源，走进婺源，村村是婺源油菜花旅游赏花摄影的理想取景点，漫山的红杜鹃，满坡的绿茶，金黄的油菜花，加上白墙黛瓦，五种颜色，和谐搭配，胜

图 7-11 婺源县篁岭景区

过世上一切的图画。

婺源县主要赏花地点如下。

1. 篁岭景区

地篁岭景区地处婺源石耳山脉，地理位置处在北纬 30 度线上、气候宜人，面积 15km²，由索道空中览胜、村落天街访古、梯田花海寻芳及乡风民俗拾趣等游览区域组合而成。篁岭村借助簇拥的万亩梯田打造四季花谷，每年 3—4 月万亩油菜花集中开放，与桃花、梨花、杜鹃花等交相辉映，美不胜收。为进一步延展花卉主题，突破季节限制，在梯田上种植四季花卉，并以两个月为周期更换主题，营造花海景观、大地艺术。游客每次到访都能欣赏到不同的景观体验到别样的感受，逐渐发展成为婺源四季旅游新产品。

2. 江岭

江岭或许是婺源最值得去的地方，因为那里漫山遍野的油菜花是呈梯田状，从山顶铺散到山谷下。站在山顶望去，脚下大片的山谷内，从高处看很是壮观(图 7-12)。

3. 李坑

李坑是一个以李姓聚居为主的古村落，距婺源县城 12km。李坑的建筑风格独特，是著名的徽派建筑。两下结合，有画的意

图 7－12　江西婺源江岭油菜花

境。漫步于粉墙黛瓦的古民居之间，可感受小桥流水人家的情趣（图 7－13）。

图 7－13　婺源李坑油菜花

婺源油菜花的主花期一般在 3 月上中旬始花；3 月 18 日至 4 月 5 日（清明节时）进入旺花期，4 月 8—15 日前绝大部分油菜花走向谢幕。

十、贵州贵定

贵定县隶属于贵州省黔南布依族苗族自治州，地处云贵高原东部的黔中山原中部，辖8个镇、12个乡、95个行政村。总人口30.4万人（2012年），布依族、苗族等少数民族人数占53.57%。境内动植物资源丰富，2006年7月被授牌命名为“中国娃娃鱼之乡”。

贵定油菜花别有特色，每到花开季节，满坝油菜花齐放，犹如一片金海，构成一幅“金海雪山”奇景，与浓郁的布依族、苗族风情交相辉映，形成了全国仅有的独特景观（图7－14）。

图7－14　贵州贵定音寨油菜花

贵定金海雪山景区位于贵定县盘江镇境内。景区内辖音寨、落海、竹林堡、麦懂等11个自然村寨，是典型的布依民族村寨群落，被称为中华布依第一音寨”之称的—音寨，是全国农业旅游示范点和全省乡村旅游示范村寨，音寨已有600年的悠久历史，依山傍水，清纯秀美，被称为黔中最美的布依田园风光。寨头银杏，古柏遮阴，寨前水流舒缓，碧波澄澈，河边重杨弯柳，河中鸳鸯两鸟，天然合璧，绿草茵茵，古树葱郁，寨后清山苍翠，为“观音山”，先祖取中间“音”字而定寨名。

第二节　宁波六大油菜花观光带

宁波是长江三角洲南翼经济中心，属于典型的江南水乡兼海港城市，工商业比较发达，是浙江省经济中心之一，同时也是全国历史文化名城。早在7 000年前，我们的先人在这里繁衍生息，开始从事狩猎和谷物种植等农业生产活动，孕育创造了灿烂的“河姆渡文化”。宁波西靠四明山，东临东海，独特的地理位置赋予了宁波独特的自然风光，拥有闻名两岸三地的奉化溪口蒋氏故居，还拥有四明山、天一阁、东钱湖、松兰山、南溪温泉、浙东大峡谷等旅游风景区。

改革开放以来，宁波市不断加快发展理念更新，积极探索中国特色现代农业之路，以中央一系列发展“三农”工作的路线方针、政策和国务院办公厅《关于推进农村一二三产业融合发展的指导意见》等文件为指导，加快转变农业发展方式，积极拓展农业生产、生活、生态等功能，在构建现代农业产业体系，发展特色精品都市农业，强化农产品出口加工，深化农旅结合休闲农业，推动农村一二三产业深度融合，打造绿色都市农业示范区建设，增加农民人均收入等方面走在全国前列。近几年开发的油菜观光带也别有特色，引人注目。

宁波现在共有六大油菜休闲观光带。

(1)宁海桑洲镇南岭村，位于宁海县西南部，特色在于梯田油菜花(图7－15)。花开的季节，一块块金黄色的梯田，有的似金蛇狂舞，有的似金鹏展翅，还有的层层叠叠，黄绿相间，煞是好看。

(2)东钱湖旅游度假区十里四香景区，位于东钱湖镇东钱湖东南山麓之中(图7－16)，南临风景秀丽的福泉山景区，北临千年古寺天童寺，四周群山环抱，环境清幽。3—4月间，大片油菜花盛开，一直铺到山脚下，与沿山公路两旁一丛丛桃花林构成一幅特有的春天画廊。

图 7-15 宁海桑洲镇屿南岗片

图 7-16　东钱湖十里四香景区

(3)鄞州鄞江镇它山堰,是中国古代四大引水灌溉枢纽工程,世界灌溉工程遗产,位于甬江支流鄞江上游的鄞江晴江岸自然村(图 7-17)。一到春季,油菜花海引得前来赏花拍景的游客络绎不绝,一畦畦鲜艳的油菜花攒着劲地生长,淡黄色的油菜花蕾从枝丫处生发出来。

(4)江北慈城传统农事体验区,位于江北慈城镇杨陈村,是宁波市郊最大的油菜花种植基地,共 1 600多亩。近年来,江北区农业和旅游部门运用农艺手段,与小麦、紫云英和水稻等景观作物搭配,形成了全年独特的“花海稻香”农业休闲景观区(图 7-18)。

(5)象山西周油菜花观赏区,西周镇的油菜花主要分布在一级

图 7－17　鄞州鄞江镇甬江支流区

图 7－18　江北慈城镇杨陈村

公路附近的莲花、文岙区片以及乌沙区片。赏花之余，还可以到西周的儒雅洋去挖一些新鲜的春笋(图 7－19)。

(6)奉化大堰镇西畈村，也有着一片梯田油菜花，大堰境内碧水盈盈，千峰竞秀，满目青翠，风光宜人。阳春三月，1 500多亩的油菜花、紫云英、桃花、杜鹃花尽情绽放，更有横山、柏坑两大湖泊

图 7-19　象山西周镇莲花、文岙区片

与千年古镇相融相映。(图 7-20)

图 7-20　奉化大堰镇西畈村

主要参考文献

鲍传稳,张明辉,刘晔.2012.菜籽预榨—浸出粕中植酸的提取[J].中国油脂,37(4):56-59.

曹隆恭.1986.我国古代的油菜生产[J].中国科技史料,7(6):24-30.

陈团结.2013.最后的老油坊[J].旅游(3):109-115.

陈水华,朱建方.2002.油菜新品种浙双72高产栽培技术研究[J].浙江农业科学(2):81-83.

陈永明.2015.丘陵区油菜全程机械化生产主要技术[J].农家科技(10):9.

丁志新.2014.浅析油菜机械化的技术[J].农业开发与装备(7):96-97.

杜润鸿.2006.纵览螺旋榨油机[J].粮油加工与食品机械(2):11-13.

何国菊,李学刚,赵海伶.2004.菜籽饼粕中植酸新提取方法研究[J].中国粮油学报,19(1):57-59.

何江,钮琰星,黄凤洪等.2009.菜籽浓缩蛋白研究进展[J].中国油脂,34(10):20-23.

何天祥,蔡光泽.2006.双低油菜栽培技术[M].成都:四川科学技术出版社.

何余堂,陈宝元,傅廷栋,等.2003.白菜型油菜在中国的起源与进化[J].遗传学报,30(11):34-39.

胡健华,韦一良,周锦兰.2003.双低油菜籽加工工艺的研究[J].中国油脂,28(1):21-23.

胡正军,张运胜.2003.稻田超级稻—优质杂交油菜栽培模式[J].江西农业科技(2):6-7.

贾文婷,杨建太,胡小浩,等.2015.白菜型冬油菜品种比较试验报告[J].农业科技与信息(12):55.

蒋立希,陈曼玲.1991.浙江省白菜型油菜地方品种聚类分析[J].中国油料(1):12-16.
金城堡.2012.农副产品贮藏与深加工技术[M].北京:中国农业科学技术出版社.
雷发林,王发忠.2007.油菜籽的加工[J].农产品加工(7):34-35.
李成,张庆富,等.2006.油菜增效栽培[M].合肥:安徽科学技术出版社.
李龙斌.2015.春赏油菜花[J].集邮博览(3):60-61.
李庆生.2005.生态原理与油菜优化群体质量栽培技术[J].中国农村小康科技(7):31-32.
李新莹,冯豫川,刘兴利,等.2013.菜籽粕中多酚类成分提取工艺研究[J].中国油脂,38(9):76-79.
厉秋岳.1987.油菜籽综合利用[M].北京:中国农业科技出版社.
刘贝贝,李小定,谭正林,等.2006.菜籽饼粕中多糖的酸提取工艺优化[J].农业工程学报,22(11):213-215.
刘大川,刘晔.2010.油菜籽加工新技术及深度开发[J].中国油脂,35(9):6-9.
刘大川.1984.菜籽油的制取及加工[M].贵阳:贵州人民出版社.
刘后利.1984.几种芸薹属油菜的起源和进化[J].作物学报,10(1):9-18.
刘后利.2008.油菜的遗传和育种学[M].北京:中国农业大学出版社.
刘艳梅.2011.不同生态类型甘蓝型油菜若干性状的比较研究[J].青海大学学报(自然科学版),29(6):1-4.
吕燕红.2006.油菜籽制油技术的研究进展[J].中国油脂,31(2):9-11.
马少平,何永梅,刘岳华.2014.油菜籽储藏技术[J].科学种养(7):58-59.
梅少华,兰斌,王少华,等.2015.双低油菜“一菜两用”产业化技术实践与探讨[J].湖北农业科学,54(1):18-20.
农全东,杨永超,文和明.2014.双低油菜育种进展[J].安徽农业科学,42(35):12 434-12 436.
钱丽.2013.稻茬免耕直播油菜栽培模式研究[J].农民致富之友(10):121.
沈安娜.2013.中国十大花海巡礼[J].老友(4):48-49.

孙德波 . 2014. 行摄青海门源油菜花海[J]. 照相机(10):6 -9.
孙作民 . 1993. 菜籽饼粕综合开发利用技术[J]. 中国油脂,18(6):12.
汪敏 . 2015. 油菜营养特点及施肥技术探析[J]. 土肥植保,32(3):102 -103.
汪学德,杨天奎,黄忠胜 . 2000. 植物油浸出技术最新发展与应用[J]. 中国油脂(1):7 -9.
王昂平,顾见勋 . 2012. 双低油菜品种比较试验初报[J]. 上海农业科技(3):58 -59.
王承明,陈建峰,任初杰,等 . 2007. 菜籽饼粕中菜籽多酚的提取新工艺研究[J]. 食品与发酵工业,33(5):143 -147.
王建林,栾运芳,大次卓嘎,等. 2006. 中国栽培油菜的起源和进化[J]. 作物研究,20(3):199 -205.
王月星,张冬青,耿玉华 . 2005. 双低油菜油苔两用高效栽培技术[J]. 作物杂志(1):38 -39.
王旭伟,陆惠斌,许国平 . 2003. 沪油 15 油菜不同播种期和密度对产量的影响研究[J]. 种子世界(5):19 - 20.
王旭伟,童相兵 . 2005. 双低油菜“浙双 6 号”特征特性及高产栽培技术[J]. 上海农业科技(5):56 - 57.
王祖福,陆稼农 . 1976. 油菜的一生[M]. 上海:上海人民出版社.
吴江生,段志红,张毅. 1998. 油菜良种及高产技术问答[M]. 北京:中国农业出版社.
吴江生 . 1996. 工业用油菜的育种策略[J]. 世界农业(4):26 -28.
武帮超 . 2005. 浅谈油菜水稻的免耕栽培[J]. 农村经济与科技(6):29.
武杰,李宝珍,谌利,等 . 2014. 不同施肥水平对甘蓝型黄籽油菜含油量的效应研究[J]. 中国油料作物学报,26(4):59 -62.
谢金木 . 2006. 直播油菜机械收割及其栽培技术的探讨[J]. 浙江农业科学(1):58 -60.
徐思衡 . 1980. 浙江省油菜地方品种生态型分析[J]. 中国油料作物学报(1):4 -12.
徐小红 . 1996. 菜籽油的工业应用[J]. 四川粮油科技(4):28 -29.
许鲲,陈碧云,王汉中,等. 2004. 长江中、下游地区白菜型油菜遗传多样性 RAPD 分析及其与农艺性状的相关性[J]. 中国油料作物学报,26

(4):20 -26.

严奉伟,邓明,朱建飞 . 2005. 菜籽粕综合利用[J]. 粮食与油脂(9):6 -8.

杨华伟,李霖超,等 . 2015. 对油菜栽培技术的分析[J]. 农业与技术(16):139.

叶世兰 . 2014. 全膜双垄沟播玉米套种冬油菜栽培技术[J]. 农村科技与信息(9):46.

易冬莲 . 1998. 油菜生产现状及发展对策[J]. 湖南农业科学(5):47 -48.

余礼明,伍冬生,文友先,等 . 2002. 油菜籽脱壳与分离设备研究[J]. 中国粮油学报,17(5):40 -43.

张存信 . 1989. 油菜籽的贮藏特性及贮藏方法[J]. 蔬菜(5):30 -31.

张璟,成明超,周雪松,等 . 2015. 油菜水稻两熟均衡高产配套栽培技术[J]. 大麦与谷类科学(1):34 -37.

张涛,李蕾,朴香淑 . 2013. 菜籽饼(粕)营养特点及其在猪饲料中的应用[J]. 饲料研究(9):26 -31.

章俊乐 . 2012. 景观油菜的栽培技术[J]. 现代农业科技(19):34.

赵佩欧,杨飞萍,杨剑 . 2012. 油薹两用—对直播油菜生产的影响[J]. 园艺与种苗(6):29 -31.

郑和明 . 2011. 油菜花黄流金大地[J]. 今日重庆(4):84.

郑伟,张仲刚,袁开金 . 2009. 浅析影响浸出法制油几个因素[J]. 粮食与油脂(10):46 -48.

周广生,左青松,廖庆喜,等 . 2013. 我国油菜机械化生产现状、存在问题及对策[J]. 湖北农业科学(9):2 153 -2 157.

朱蕾 . 2012. 共赴花海:我和春天有个约会[J]. 地图(2):104 -107.

朱沛沛,李嘉乐 . 2014. 菜籽粕多糖酸法微波提取工艺优化[J]. 湖南饲料(1):32 -35.

祝红蕾,储大勇,刘华. 2013. 菜籽饼粕有机肥的应用[J]. 安徽化工,39(5):13 -14.

附录1　DB3302/T 108—2012 双低油菜生产技术规程

前　言

本标准规范按照 GB/T 1.1—2009 给出的规则起草。

本标准规范由宁波市农业局提出。

本标准规范由宁波市农业标准化技术委员会归口。

本标准规范附录 A 为资料性附录。

本标准规范起草单位：由宁波市农业技术推广总站、慈溪市农业技术推广中心、余姚市种了种苗管理站、宁海县农业技术推广总站、奉化农业技术推广服务站。

本标准规范主要起草人：许开华、王旭伟、虞振先、刘荣杰、刘开贤。

1　范围

本标准规范规定了双低油菜的定义、产地环境、投入品要求、栽培技术、病虫害综合防治、收获等。

本标准规范适用于宁波市双低油菜的生产。

2　规范性引用文件

下列文件对于本文件的应用是必不可少的。凡是注日期的引用文件，仅所注日期的版本适用于本文件。凡是不注日期的引用文件，其最新版本（包括所有的修改单）适用于本文件。

GB 4285 农药安全使用标准

GB 4407.2 经济作物种子 第 2 部分：油料类

GB/T 8321（所有部分）农药合理使用准则

NY 414 低芥酸低硫苷油菜种子

NY/T 496 肥料合理使用准则 通则

NY 846 油菜产地环境技术条件

NY/T 1276 农药安全使用规范总则

3 术语与定义

双低油菜

指油菜籽中芥酸含量在5%以下,菜籽饼粕中硫代葡萄糖苷含量低于45μmol/g的油菜品种。

4 产地环境条件

应符合NY 846的规定。

5 投入品要求

5.1 农药

应符合NY/T 1276的规定。

5.2 肥料

应符合NY/T 496的规定。

5.3 种子

种子质量应符合GB 4407.2 NY 414的规定。DB3302/T 108—2012.2

6 栽培技术

6.1 品种选择

选择产量高、抗病和抗逆性强、商品性好、产量高、适应性广,已通过审定并适于宁波市种植的双低品种。如浙双72、浙油18、浙油50、中双11等。

6.2 栽培方式

育苗移栽和直接播种两种。

6.3 播种育苗

6.3.1 苗床准备

育苗移栽苗床应选择靠近大田,土地平整、肥沃疏松、背风向阳、排水方便的田地。苗床与大田比例为1:(5~7)。每亩基施三元复合肥(15-15-15)25kg,做到土、肥均匀混合,土壤细碎,畦面平整,床宽(包括畦沟)1.3～1.7 m。

6.3.2 种子处理

播种前晒种1～2d,每天晒3～4h。

6.3.3 播种期

育苗移栽苗床播种适期9月下旬,直播栽培10月中旬至11月初。

6.3.4 播种量

育苗移栽的每667m^2苗床播种量0.5～0.75kg,直播栽培每亩播种量0.2～0.25kg。

6.3.5 播种方法

播种时做到细播匀播,育苗移栽的播后轻轻压实苗床表土,直播油菜则在大田准备好后,先开沟后播种。

6.3.6 苗期管理

苗床幼苗第1、2片真叶出现时,分别间苗1次,第3片真叶出现时定苗,保持苗之间7～10cm间隙。定苗后,看苗适施追肥。育苗期间保持土壤湿润,如遇床土干燥及时沟灌或洒水。3叶期每亩用15%多效唑可湿性粉剂50g对水50kg药液喷施,不漏喷、重喷。苗期注意防治蚜虫、菜青虫等害虫,并做到带药移栽。直播油菜3叶期进行一次间苗,删密留稀。

6.3.7 壮苗特征

绿叶6～7片,苗高20cm左右,根茎粗0.6～0.7cm,根茎长2cm以下,无红叶、无高脚、无曲颈,支根、细根多,苗龄适当(35～45d)。

6.4 栽前准备

6.4.1 大田选择

选择在生态条件良好,远离污染源,并具有可持续生产能力的农业生产区域。

6.4.2 开沟作畦

在前茬作物收获后清理田间秸秆,于移栽或直播前7d每亩用

40%草甘膦 250g 对水 50kg 喷雾，防治田间杂草。然后按畦宽 1.7～2.0m 开畦沟，全田“三沟”配套，沟宽 0.3m、畦沟深 0.25m，腰沟深 0.3m、围沟深 0.35m。免耕直播油菜播种前或播种后每 667m^2 撒施三元复合肥 25kg，加施硼砂 1kg 或高效速溶硼砂肥料 0.1kg 作基肥；免耕移栽油菜，在移栽前或移栽后每亩施过磷酸钙 20kg、氯化钾 5kg、尿素 5kg、硼砂 1kg 作基肥。

6.5　移栽

旱地 10 月下旬至 11 月上旬移栽，稻田 10 月下旬至 11 月中旬移栽。移栽前 1 d 苗床浇透水，次日露水干后拔苗，随拔随栽，按苗大小分批移栽。打孔栽植，清水浇根。行距 0.33～0.4m，株距 0.17～0.25m，每亩栽植 7 000株左右。直播油菜每亩成苗密度保持在 1.5 万～2.0 万株。

6.6　大田管理

6.6.1　追肥

定植后 10d，每亩浇施碳酸氢铵 10kg。越冬前施入腊肥，每亩施农家肥 500kg、碳酸氢铵 15kg 或尿素 5kg。当全田 10%植株薹高 2cm 时重施薹肥，每亩施碳酸氢铵 20kg 或尿素 7kg，当季未施过硼肥的田块同时配施硼砂 1kg 或高效速溶硼砂肥料 0.1kg，对水 50kg 喷施油菜叶面。

直播油菜追肥按“勤施苗肥，重施薹肥”的原则进行。苗肥一般分两次施用，分别在油菜苗 2～3 片真叶和 5～6 片真叶时，每亩各施尿素 7.5kg。薹肥重施、早施，当 10%植株薹高 2cm 时，每亩施尿素 10kg。

6.6.2　水分管理

苗期遇干旱要及时灌水，整个生长期保持油菜田土壤湿润，雨后及时排水。

7　杂草防治

以禾本科杂草为主的田块，可在杂草 3 叶期内每亩用 5%精禾草克乳油 50ml，或 15%精稳杀得乳油 50ml，对水 40kg 均匀喷雾防除;需兼除阔叶杂草的,在苗期于上述除草剂中每亩再加入50%高特克(草除灵)悬浮剂 30ml,或 17.5%禾繁净 90 ml。

8　病虫害防治

8.1　防治原则

按预防为主、综合防治的植保工作方针,根据油菜病虫害发生规律,以农业防治为基础,因时因地合理运用生物、物理和化学等手段,经济、安全、有效地控制病虫的危害。

8.2　防治技术

8.2.1　农业防治

选用抗病品种,培育适龄壮秧;实行水旱轮作,减少病虫基数;"三沟"配套,合理密植,创造适宜生育环境;实行科学施肥,控制化学农药使用。

8.2.2　生物防治

采用植物源农药和生物农药防治病虫害。

8.2.3　化学防治

合理轮换和混用农药,防治时严格按照 GB 4285、GB/T 8321 和 NY/T 1276 执行。主要病虫害及化学防治方法见下表。

表　油菜主要病虫害及化学防治方法

防治对象	中文通用名	含量、剂型及倍数	使用方法	安全间隔期(d)	每季最多使用次数
菌核病	甲基硫菌灵	70%WP 500 倍液	喷雾	14	3
	多菌灵	50%WP 400 倍液	喷雾	15	2
	异菌脲	50%WP 1 200 倍液	喷雾	10	2
霜霉病	烯酰吗啉	50%WP 2 000 倍液	喷雾	20	4
	醚菌酯	50%DF 3 000 倍液	喷雾	3	3
白锈病	百菌清	75%WP 500 倍液	喷雾	14	3
	代森锌	43%WP 500～600 倍液	喷雾	15	3
蚜虫	吡虫啉	70%WG 10 000 倍液	喷雾	7	2
	吡虫啉	10%WP 2 000 倍液	喷雾	7	2

（续表）

防治对象	中文通用名	含量、剂型及倍数	使用方法	安全间隔期（d）	每季最多使用次数
菜青虫	定虫隆	5%EC 1 500～2 000 倍液	喷雾	7	3
	氟虫脲	5%EC 2 000～2 500 倍液	喷雾	10	1
潜叶蝇	灭蝇胺	50%WP 2 000～2 500 倍液	喷雾	7	2

9 收获

9.1 人工收获

油菜籽收获的适期一般在终花后 25～30d，当 2/3 的角果呈现黄色时用人工把植株留根收割或连根拔起。然后就地摊晒或堆蓬干燥，当完全干燥时脱粒，扬净晒干后贮藏。

9.2 机械收获

推广专用机械收获，当全田角果 95%荚壳转黄色时，于晴天露水干燥后用油菜专用收割机直接一次性收获。

10 生产记录

按照双低油菜生产要求，对产地环境、栽培管理、病虫害防治、收获等生产操作全过程作规范田间档案记录。

11 标准化栽培模式图

宁波市双低油菜无公害生产模式图见附录 2。

附录2　宁波市双低油菜无公害生产模式图

季节	月	9			10			11			12			1			2			3			4			5			6		
	旬	上	中	下	上	中	下	上	中	下	上	中	下	上	中	下	上	中	下	上	中	下	上	中	下	上	中	下	上	中	下
生育期	育苗移栽栽培			播种育苗期			移栽定穗期		大田生长期									蕾期			花荚期					采收期					
	直播栽培					播种期		大田生长期										蕾期			花荚期					采收期					

主要技术措施	播前准备	播种育苗	移栽定植	大田管理	病虫害防治	采收
	1. 选用良种：产量高、抗病和抗逆性强、商品性好、适应性广，已通过审定并适于宁波市种植的双低品种。如浙双72、浙油18、浙油50、中双11等。 2. 苗床准备：育苗移栽苗床应选择靠近大田，土地平整、肥沃疏松、背风向阳、排水方便的田地。苗床与大田比例为1∶(5～7)。每667m^2基施三元复合肥(15－15－15)25kg，做到土、肥均匀混合，土壤细碎，畦面平整，床宽（包括畦沟）1.3～1.7m。 3. 种子处理：播种前晒种1～2d，每天晒3～4h	1. 播种期：育苗移栽苗床播种适期为9月下旬，直播栽培为10月中旬—11月初。 2. 播种量：育苗移栽的每667m^2苗床播种量0.5～0.75kg，直播栽培每667m^2播种量0.2～0.25kg。 3. 播种方法：播种时做到细播匀播，育苗移栽的播后轻轻压实苗床表土，直播油菜则在大田准备好后，先开沟后播种。 4. 苗期管理：苗床中幼苗第1、第2片真叶出现时，分别间苗1次，第3片真叶出现时定苗，保持苗之间7～10cm间隙。定苗后，看苗适施追肥。育苗期间保持土壤湿润，如遇床土干燥及时沟灌或洒水。3叶期每667m^2用15%多效唑可湿性粉剂50g对水50kg喷雾，不漏喷、重喷。苗期注意防治蚜虫、菜青虫等害虫，并做到带药移栽。直播油菜3叶期进行一次间苗，删密留稀。 5. 壮苗特征：绿叶6～7片，苗高20cm左右，根茎粗0.6～0.7cm，根茎长2cm以下，无红叶、无高脚、无曲颈，支根、细根多，苗龄适当(35～45d)	1. 开沟作畦：在前茬作物收获后清理田间秸秆，于移栽或直播前7d每667m^2用40%草甘膦250g对水50kg喷雾，防治田间杂草。然后按畦宽1.7～2.0m开畦沟，全田“三沟”配套，沟宽0.3m，畦沟深0.25m，腰沟深0.3m、围沟深0.35m。免耕直播油菜播种前或播种后每667m^2撒施三元复合肥25kg，加施硼砂1kg或高效速溶硼砂肥料0.1kg作基肥；免耕移栽油菜，在移栽前或移栽后每667m^2施过磷酸钙20kg、氯化钾5kg、尿素5kg、硼砂1kg作基肥。 2. 移栽：旱地10月下旬—11月上旬移栽，稻田10月下旬—11月中旬移栽。移栽前1d苗床浇透水，次日露水干后拔苗，随拔随栽，按苗大小分批移栽。打孔栽植，清水浇根。行距0.33～0.4m，株距0.7～0.25m，每667m^2栽植7 000株左右。直播油菜每667m^2成苗保持在1.5万～2.0万株	1. 追肥：定植后10d，每667m^2浇施碳酸氢铵10kg。越冬前施入腊肥，每667m^2施农家肥500kg、碳酸氢铵15kg或尿素5kg。当全田10%植株薹高2cm时重施薹肥，每667m^2施碳酸氢铵20kg或尿素7kg，当季未施过硼肥的田块同时配施硼砂1kg或高效速溶硼砂肥料0.1kg，对水50kg喷施油菜叶面。 直播油菜追肥按“勤施苗肥，重施薹肥”的原则进行。苗肥一般分两次施用，分别在油菜苗2～3片真叶和5～6片真叶时，每667m^2各施尿素7.5kg。薹肥重施、早施，当10%植株薹高2cm时，每667m^2施尿素10kg。 2. 水分管理：苗期遇干旱要及时灌水，整个生长期保持油菜田土壤湿润，雨后及时排水。 3. 杂草防治：以禾本科杂草为主的田块，可在杂草3叶期内每667m^2用15%精稳杀得乳油60ml或5%精喹禾灵乳油50ml，加水40kg均匀喷雾防除。需兼除阔叶杂草的，在苗期于上述除草剂中每667m^2再加入50%高特克（草除灵）悬浮剂30ml或17.5%禾繁净90ml	提倡农业、生物、物理、化学等综合防治病虫害，化学农药交替使用。 化学防治主要病虫害： 1. 菌核病：70%甲基托布津可湿性粉剂500倍液或50%多菌灵可湿性粉剂400倍液喷雾。 2. 霜霉病：50%安克可湿性粉剂2 000倍液或50%翠贝干悬浮剂2 000倍喷雾。 3. 白锈病：75%百菌清可湿性粉500倍液或大生富43%可湿性粉剂500～600倍液喷雾。 4. 蚜虫、潜叶蝇：70%艾美乐水分散粒剂1 500倍或50%潜克可湿性粉剂3 000倍喷雾。 5. 小菜蛾、菜青虫：5%卡死克乳油1 200倍液或5%抑太保乳油1 200倍液喷雾	油菜籽收获的适期一般在终花后25～30d，当2/3的角果呈现黄色时用把植株留根收割或连根拔起。然后就地摊晒或堆蓬干燥，当完全干燥时脱粒、扬净，晒干后贮藏。推广专用机械收获，当全田角果95%荚壳转黄色时，于晴天露水干燥后用油菜专用收割机直接一次性收获